普通高等教育物联网工程专业系列教材

农业物联网导论

尹 武 编著

西安电子科技大学出版社

内 容 简 介

本书从发展概况、多领域跨学科信息化技术和产业化应用三个层面对农业物联网进行了详细阐述，介绍了物联网农业信息感知、传输、处理的各种技术原理及应用，读者从中可以全面了解到物联网、云平台及大数据、区块链和人工智能技术在农业领域中的应用(包括农业传感器、农业无人机、无人农场、农产品溯源、田园综合体等相关数字农业研究及应用)。

本书可以作为高等学校和高职高专院校智慧农业专业的教材。书中的很多研究成果已在江苏、新疆、广东、陕西等省份进行了产业化示范应用，本书亦可为农业物联网研究和产业化及新型农业物联网商业模式的发展提供一定的参考和指导。

图书在版编目(CIP)数据

农业物联网导论 / 尹武编著. —西安：西安电子科技大学出版社，2021.10(2023.11 重印)
ISBN 978-7-5606-6179-7

Ⅰ. ①农…　Ⅱ. ①尹…　Ⅲ. ①物联网—应用—农业　Ⅳ. ①S126

中国版本图书馆 CIP 数据核字(2021)第 151740 号

策　　划　毛红兵　刘小莉
责任编辑　刘小莉
出版发行　西安电子科技大学出版社(西安市太白南路 2 号)
电　　话　(029)88202421　88201467　　邮　　编　710071
网　　址　www.xduph.com　　电子邮箱　xdupfxb001@163.com
经　　销　新华书店
印刷单位　咸阳华盛印务有限责任公司
版　　次　2021 年 10 月第 1 版　　2023 年 11 月第 4 次印刷
开　　本　787 毫米×1092 毫米　1/16　印　张　10
字　　数　202 千字
印　　数　3501～5500 册
定　　价　30.00 元
ISBN 978-7-5606-6179-7 / S
XDUP 6481001-4

❖❖❖ 前　　言 ❖❖❖

近年来，农业物联网的研究和应用在国内外都取得了极大的进展，中央一号文件也连续几年提出推进农业信息化发展的目标。2012 年，中国农业大学李道亮教授出版了《农业物联网导论》一书。作为国家高校农业物联网教材，该书对农业物联网及其教育的发展起了极大的推动作用。书中系统阐述了农业信息化架构、传感器和农业信息化等的主要应用场景及其核心技术，包括云平台、人工智能等，基本涵盖了农业物联网的主要领域。但九年来信息技术发生了翻天覆地的变化，农业物联网大数据研究及应用也获得了很大的发展，其模式的多样性和产业化问题给农业物联网应用企业和相关管理部门带来了新的挑战，亟须一部新的农业物联网专业书籍对相关信息进行更新和优化。

本书根据编者近二十年来的物联网、大数据及人工智能技术的研究和产业化经验，在李道亮教授 2012 年出版的《农业物联网导论》一书的基础上增加了农产品溯源、农业无人机和无人农场、农业传感器技术分析及应用、国内外农业物联网最新发展技术、人工智能、农业种植及养殖物联网产业化案例、农业物联网田园综合体、农业物联网云平台和最新无线传感网络及无线宽带移动通信技术的深入应用等相关内容，书中的很多研究成果已在国内多个省市自治区进行了产业化示范应用，可为农业物联网研究和产业化及新型农业物联网商业模式的发展提供一定的参考和指导。

本书中的大部分内容来自编著者及其团队多年来的研究成果、实践经验以及近十年承担的农业物联网项目，包括深圳市经信委农业物联网重大项目种质资源创新平台、江苏泰州国家级农业产业园苏中园艺大棚种植和好润国蟹水产养殖、广东陆丰植物龙省级农业产业园、深圳嘉康惠宝国家商务部肉菜溯源首批试点项目、陕西安康汉阴智慧农业中草药种植项目等，其中数项农业物联网研究成果和应用案例曾作为联合国国际粮农组织和国际电信联盟(FAO+ITU)优秀智慧农业案例以及农业农村部优秀数字农业案例，得到了业界的高度认可。

在成书过程中，编者得到了很多专家及领导的支持和鼓励，包括国际电信联盟协调官 Ashish、联合国国际粮农组织协调官 Gerard、国家工信部信通院徐伟林主任、国家标准研究院技术总监张辉、中国物联网标准联合工作组负责人卓兰和徐冬梅、中国通信服务云南公司高级规划工程师何永红、中国农业大学李道亮教授、江苏省泰州市现代农业产业园柳林景主任、西北农林科技大学植保和标准专家李鑫教授、南京农业大学朱艳教授和东南大学陈俊杰教授等，以及农业农村部规划设计研究院、广东省农业厅市场信息处及深圳市经信委领导和专家，在此对他们表示感谢。还要感谢编著者的研究生团队成员陈璐、马璐、赵辰、何陈颖等，他们参与了初稿的整理和文字勘误工作。此外，还要感谢西安电子科技大学出版社副总编辑毛红兵，她对本书的出版给予了极大的支持。另外，本书的编写也借鉴和参考了业界的最新研究成果和相关技术资料，在此对相关作者一并表示感谢！

农业物联网属于跨学科跨领域的综合体系，其涵盖的知识范围极为广泛，各种技术也仍处于快速发展和演进阶段，限于编著者的经验和水平，书中难免存在不妥之处，恳请读者批评、指正。

编著者

2021 年 7 月 28 日

❖❖❖ 目　　录 ❖❖❖

第1章　农业物联网概述

1.1 农业物联网的概念和特征

1999 年，物联网(Internet of Things，IoT)概念被提出，经过二十多年的发展，目前很多领域都产生了物联网应用，农业领域也不例外。物联网与农业技术和应用相融合，形成了农业物联网。农业物联网将农业生产模式由以人力为中心发展为以技术为中心，现已成为帮助农业生产者发现并解决农业问题的重要工具。

1. 农业物联网的概念

农业物联网也称为数字农业或智慧农业，即将物联网技术应用于农业领域，主要使用农业传感器(Sensor)、射频识别(Radio Frequency Identification，RFID)设备、视频信息采集终端(Visual Acquisition Terminal)等各种类型的感知设备，大范围实时采集与种植、畜牧、水产养殖、农产品加工、农产品流通等相关的农业信息，通过 LoRa、NB-IoT 等无线传感器网络(Wireless Sensor Networks, WSN)、4G(4th Generation of Mobile Communications)/5G(5th Generation of Mobile Communications)移动通信、WLAN 宽带通信网络、远距离微波通信等技术，实现农业信息的多渠道传输和互联，并利用边缘计算等技术对信息进行汇总，借助人工智能(Artificial Intelligence，AI)处理获取的精确信息，从而建立农业物联网智能应用系统，提高农业生产和经营的系统化、自动化、智能化水平。

2. 农业物联网的特征

农业物联网是现代农业发展的一种新形态，它通过综合应用农业、信息、装备等方面的技术，最大程度地优化了农业资源的配置方式，其主要特征体现在以下几个方面：

(1) 农业生产要素的分配与管理智能化。把传感器感知、数据传输、大数据及人工智能处理、设备远程控制等技术应用于农业生产、加工及三产融合，使生产要素的分配更加合理，环境条件的调节更加科学，从而有效地提高了生产及管理效率和资源利用率。

(2) 农业生产和经营决策有据可依。用大数据、云计算(Cloud Computing)、人工智能技术处理分析农业生产及经营环节的大量信息，整理汇总后加入数据库，作为进行农业生产及经营决策的重要参考依据。

(3) 可全天候提供农业服务。排除外界因素的干扰，农业物联网系统可以全天候正常自主运行，实时为农业生产、管理和运营人员提供全面综合的智慧服务，具有较高的性价比。

(4) 农业信息可信度高。将区块链技术和农业物联网相结合，区块链技术的“不可篡改”“去中心化”等特征使得数据不易被篡改，提高了农业信息的可信度。

1.2 农业物联网的建设内容

随着农业物联网在部分地区的推广使用，其解决农业生产效率低下、资源浪费严重、

污染严重等问题的效果愈加明显，农业物联网建设也因此被许多地区纳入农业发展规划中。具体来说，农业物联网建设主要包含以下内容：

(1) 建设智慧农业生产体系。深度应用物联网、人工智能、大数据、区块链、北斗/GPS(Global Positioning System)定位技术、4G/5G 宽带无线移动等信息化技术推动农业的生产和运营发展，使其更加智能化、规模化。构建的智慧农业生产体系以高效、准确为农业信息感知的基本要求，以智能、精确为农业设备控制的最低标准，是一套集墒情监测、生产管理于一体的智慧农业生产和运营的综合体系。

(2) 建设农产品溯源体系。在农业生产环节实时监测生产环境和生产对象，记录、储存全部有关信息；在农产品流通环节利用大量先进感知技术，获取农产品流通信息；最后将所获取的全部信息上传至农产品溯源系统，供追溯农产品质量安全信息使用。

(3) 构建智慧管理与服务体系。加强农业物联网在农业生产管理方面的应用，促进农业生产管理朝着智能化、集约化方向发展；使用物联网完善农产品质量安全监管体系，进一步规范农业生产监管制度，发挥政府部门在农产品质量安全监管方面的作用；建设物联网平台，用于提供生产管理服务，方便生产经营者结合实际情况确定农业发展重点。

(4) 提高农业装备的智能化水平。农业装备智能化是农业生产管理智能化的重要前提，它支持高效、实时地获取与农业生产及运营相关的信息，并及时、安全和准确地进行数据传输，赋予农业装备计算、通信、预警及自动控制等功能，形成综合的农业生产管理网络，从而开展精准的农业生产和运营管理。

(5) 促进农业大数据和人工智能发展。农业大数据和人工智能的应用是农业生产和管理水平提高的重要体现。云管控平台在农业大数据分析的基础上开展智能决策；人工智能技术参与农业的生产和经营活动，可提高管理效率，形成以数据为驱动力、智能设备为生产工具的智慧农业生产和经营模式。

1.3　农业物联网的基础应用

农业物联网的基础应用可以归结为以下几种：

(1) 智慧种植、养殖。用人工智能和大数据建模技术创造出能够满足农产品生长需求的环境，并在其中安装传感器用于监测温度、湿度、光照、CO2 等环境参数。所得数据传输至计算机平台进行分析处理，作为智能控制系统调控种植及养殖环境和调节设备的依据，从而实现对种植、养殖环境的实时调整，让农产品始终处在适宜的生长环境中。

(2) 开放式种植场及养殖场管理。开放式种植场和养殖场主要通过大面积大节点无线传感组网设计、自动化监测控制来帮助种植户和养殖户实现低成本、高收益的智能化种植、养殖管理。

(3) 生产自动化控制。农业生产自动化控制系统可以根据土壤肥力或溶解氧含量等情况，监测和判断农机设备灌溉或增氧时长、灌溉量或增氧量，可以自动开始、结束灌溉或增氧。实现这些功能需要充分发挥智能终端的控制作用。

(4) 管理及运营。农业物联网对农业生产各环节所使用的设施设备实行智能化管理，同时对农产品加工、流通、销售等过程进行全流程实时监控，并建立农产品溯源系统，从而提高农业管理和运营效率。

1.4 发展农业物联网的意义

农业物联网通过感知设备实时、精准地获取农业相关数据信息，并将这些信息传送到后台处理中心，由大数据和云计算技术计算处理分析后，应用于农业领域，从而实现智能控制和管理。现代农业的竞争并非单类农产品或者生产、经营等某个环节的竞争，而是完整农业产业链之间的竞争。农业物联网技术应用对提升农业竞争力意义重大，主要体现在以下几个方面：

(1) 实时、精准、连续监测和记录与农产品栽培相关的环境因素，从而建立农产品生长环境数据库，为选择、改善农产品生产环境提供科学依据。

(2) 根据采集的数据科学、及时地调节营养液成分(如氮、磷、钾)、农药使用量、pH值、浇灌频率等，提高农业种植和养殖管理的精准度。

(3) 自动监测、预防、治理病虫害，控制农药喷洒的浓度和频率，有利于提高农产品品质，减少污染。

(4) 农业物联网与大数据相连，通过量化研究建立农产品生长模型，便于了解农产品种植和养殖环境因子与生物因子之间的关系，并对农产品的动态变化和后续生产需求进行预测，从而把控农产品生长状况和采收时间，协调投入产出比例，实现高产、优质、高效、低耗、持续发展的目标。

(5) 农业管理可通过远程信息传输、远程无线操控的方式实现，达到无人值守亦可安全管理的目的，使管理和运营效率得以明显提高。

(6) 农业物联网促进农产品溯源体系建设，有利于推动农业信息资源的流通和共享，为农业生产经营者、消费者、监管者提供便利，保障农产品的质量安全。

(7) 农业物联网中的“农业”是一个广义的概念，不限于种植业，农业物联网也可以广泛应用于畜牧业、水产养殖业和林业等领域，全面推动农业产业发展。

(8) 随着现代技术的不断发展和完善，物联网系统也逐渐升级，延伸、扩展出了很多新功能，例如实现了多界面的人机交流，使得系统操控和维护变得更加简单。

1.5　农业物联网的发展

1.5.1　农业物联网发展的基本情况

1. 国际数字农业联盟

国际数字农业联盟由国际电信联盟(International Telecommunications Union, ITU)和联合国粮农组织(Food and Agriculture Organization of the United Nations, FAO)共同发起，近百家成员国主要集中在亚太、非洲和大洋洲，也包括部分欧美国家。国际数字农业联盟总部在瑞士，亚太区总部位于泰国，致力于推广数字农业应用，主要包括：全球数字农业国家战略计划(National Strategy)、数字农业实行计划(E-agriculture Action Plan)和数字农业框架建设(E-agriculture Framework)。

该联盟论坛每两年举办一次。2016 年，中国首次派代表——中国通信服务总公司和深圳市睿海智电子科技有限公司参加了该论坛。2018 年，该论坛由 ITU-FAO 和中国农业农村部共同在南京举办，这也是该论坛首次在中国举办。2020 年受疫情影响，该论坛改为线上举办。

2. 全球农业物联网发展战略

发展农业物联网是一项系统工程，需要事先制定发展战略和规划，并在实践过程中不断完善，这有助于全面解决农业部门在信息通信技术方面遇到的问题，合理分配财政及人力资源，促进农产品供需平衡，为农民创造新的收入，提高生态环境资源保护能力。很多国家和相关管理部门已对此达成共识。

由此，国际电信联盟和联合国粮农组织合作研究制定了《农业物联网战略指南》，致力于开发有针对性的农业物联网发展战略，为各国发展农业物联网提供一个框架。该框架包括农业物联网发展愿景、实行计划、成果检测、评估四个部分，农业概念涵盖了种植业、畜牧业、渔业、林业等领域。

农业物联网计划的制定要结合国家、农村的发展目标和农业发展形势，综合考虑农业物联网发展愿景、农业物联网发展优先事项、信息通信技术部门的潜力、相关部门或群体的利益，分析发展农业物联网的有利环境、可行性和现实差距，确保既立足于当前环境，又不限制任何可能性，同时遵循可持续发展的原则。农业物联网规划须满足以下条件：获得政策的引导和支持；建立治理结构和机制；组建农业物联网战略团队；设立时间框架；确定利益相关者并获得其支持。

农业物联网发展的优先事项包括：

(1) 为农业企业开发信息通信技术应用，建立区域农业物联网培训和教育中心，或利用网络、多媒体工具提供线上教育，开设智慧农业课程，协助当地农业企业使用现代技术提高生产效率；创建农业物联网服务平台，提供农业物联网咨询服务，国家或地区的农业推广人员、研究人员可以通过数字媒体(电话、互联网、邮件等)提供线上服务，也可以通过提供现场智慧农业咨询服务来传播智慧农业知识。

(2) 国家电信部门设立移动运营商，以提高农村宽带覆盖率、移动宽带服务质量和智能手机覆盖率。

(3) 审查支持和维持智慧农业发展的立法框架，调整政府政策，增加对智慧农业推广、资源管理、信息通信技术基础设施建设等部门的资金支持，支持智慧农业的研究和发展。

(4) 创建农业物联网市场，提高农业物联网服务的使用意识，实施智慧农业项目推广计划，开拓国内、国际农业物联网市场，吸引投资。通过采取保险、现金流管理、农业灾害预警等措施降低农业企业风险，充分利用信息通信技术提高国家、园区和企业应对自然或人为灾害以及经济危机的能力。

(5) 完善农业信息收集框架，及时统计对农业生产有相关影响的要素信息，如土壤肥力、土地资源利用情况、地理形态、天气变化情况、水管理情况、生物多样性、外来入侵物种、灾害管理情况等信息，整合信息资源并传送至数据库，实现数据管理统一化。

(6) 建设农产品质量安全溯源系统，实现农产品来源可追溯。

(7) 建立农业参与者交流平台，加强农业利益相关者(例如农民、推广人员、农业组织、银行、保险机构、数字政务机构、省级和地方政府部门)之间的沟通和协调。开放政府政策和指导方针信息资源，促进政府和民间组织、学术界和农业部门之间的合作，展示、推广成功的实践经验。

3. 全球农业物联网发展情况

以加强国家粮食安全、确保土地和其他自然资源的可持续利用为目标，通过鼓励创新和增长来提高农业产量，以高价值产品出口为农村创造新的就业机会和收入，改善农业家庭的生计。许多国家发展农业物联网的经验表明，信息化技术是应对众多农业发展挑战的有效手段。

在很多发展中国家，75%以上的人以农业为生，因此当地政府投资了许多信息通信技术方案，用于提高人们的信息通信技术水平和促进农业综合企业的应用开发，以此作为经济增长的引擎，推动经济向以知识为基础的中等水平发展。同时，政府将农业物联网战略引入国家发展战略中，而对信息通信技术的投入刺激了私人投资，这为开发各种农业技术手段和应用程序创造了有利环境。除此之外，政府还设立了帮助偏远地区农民获取农业信息的社区服务中心，以提高农业部门的服务水平。政策的引导和支持在发展中国家农业物联网的发展过程中发挥了重要作用。

例如，加勒比共同体是发展中国家区域性经济合作组织，部分成员国已经在开展农业物联网建设方面做出了努力，制定了关于农业物联网的信息通信技术政策，鼓励具备信息化技术知识的农业专家参与发展农业物联网；同时为信息化技术、农业方案的开发和应用提供资金支持等。

再如，印度经济处于中等偏下的发展水平，面临着人口压力大、生产成本高和农业发展效率低等挑战，人口大量迁移导致社会失衡，对国家发展产生了不利影响。历届印度政府在信息化技术基础设施建设方面进行了大量投资，并采取了一系列举措，不断促成其在农业领域的应用。考虑到农村互联网普及率低但需求量大的情况，印度政府实施了为数万村庄提供宽带连接的计划；启动呼叫中心(Kisan Call Centre，KCC)项目为农民提供免费的农业信息咨询服务，毕业于农业及相关专业的 KCC 代理人可对农民的咨询做出答复；Kisan Portal 为农民提供农业最佳实践、农产品咨询等信息；SMS 门户网站用来收集语音形式的建议，为有识字困难的农民提供便利等。

相比之下，发达国家则重视对农业数据的深入挖掘和应用，构建数据服务和知识共享体系促进智慧农业(Smart Agriculture)和精准农业(Precision Agriculture)的发展，其中，大部分发达国家已经有超过 20%的农场实现精准农业作业。英国国家环境研究委员会(Natural Environment Research Council，NERC)开发了一款“我的土壤(mySoil)”APP 应用，供农户浏览和上传当地土地利用信息和土壤状态信息。英国最大的农业环保独立咨询机构 ADAS 提供无人机环境监测、农业数据库设计、数据管理分析、算法开发、数据可视化显示、在线应用工具开发、农作物疾病风险评估等方面的服务，并与曼彻斯特大学及其他研究机构合作，利用多光谱成像技术测量田间农作物的含氮量，来判断农作物的施氮需求。

美国对农业物联网的研究起步较早，在 20 世纪 90 年代初就已将 GPS 定位技术应用于农作物施肥，提高了农作物产量。到 20 世纪 90 年代中期，美国农业的机械化、信息化、数据化应用已达到世界领先水平。发展至今，美国农业领域已普遍使用农田定位系统、精准农业机械、农业机器人、无人机等智能化系统与设备进行生产管理，数字化操控播种、土壤检测分析、农作物监测、农业机械管理、农产品管理、农业成本分析、农业融资等农业及其经济管理环节，使农业从业者通过终端系统就可以管理农业生产。在农业研究方面，美国各农业实验室和企业大力研发精准农业仪器、终端软件等智能化设备，一些大学也开设了农业物联网课程，带领学生实地开展农业物联网应用实践。

欧美农业物联网采用高投入、高产出的方法，特点是一次性投入巨大，如荷兰大棚平均每亩造价几十万元到一百多万元，一台一体化水肥机价格也达数十万元，农作物通测设备较为昂贵，采用立体种植的农业工作者年收入也可达数十万元；日本和以色列在精细农业领域也具有较高的水准，包括高效率的滴管系统等，但缺点是成本较高。中国农业企业大多是中小规模，对成本比较敏感。因此欧美大农场作业和日本、以色列的精细化农业应用难以在中国大范围推广，需要另外建设一套高性价比的农业物联网系统。

1.5.2 全球农业物联网发展面临的挑战

农业物联网是农业发展的高级阶段，信息化技术(感知监测、信息组网传输及智能化分析处理)是其核心基础，在此基础上开展现代化的农业生产及管理工作，以促进农业生产和农村经济的发展。信息化技术在农业方面的应用不断更新，农业物联网的范围也在随之扩大，智慧农业标准的制定、工具的设计与开发、方案的应用与评估、个人及团体能力的发展、政策的支持等都是农业物联网的关键组成部分。

近年来，农业朝着信息化融合方向发展，实时、准确地获取农业生产和运营的各项信息，对于应对环境变化、优化资源配置至关重要。因此，农业物联网发展潜力巨大，但目前在国内外农业产业中所占比重较低，其发展普遍面临着诸多挑战：

(1) 缺少农业专家，相关政策缺少对农业价值链参与者的激励，大多数农业劳动者前往城市寻找高薪工作，农业劳动力急剧减少。

(2) 由于城镇化的发展，农业劳动力成本大幅提高。

(3) 农业劳动力平均年龄快速增长。

(4) 农业和非农业部门之间合作基础薄弱，对农业的投资少，农业预警机制、病虫害管理系统、食品安全和质量管理设施等配备不足。

(5) 数据统计不及时，缺少可信的农业、气象、自然资源管理、信息通信技术应用开发等数据；信息共享机制不健全，对国内和国际贸易相关信息的可获得能力不足，缺乏贸易渠道且农业物流不发达。

(6) 部分农村和边远地区宽带通信基础设施落后，甚至无法使用移动通信和宽带网络。通过感知设备收集数据，并将其通过通信网络集成到数据库和应用平台上仍然是一个巨大的挑战。

(7) 较少深入挖掘智慧农业成功实践的价值，农业标准化和数据库建设较弱。

除此之外，农业部门还需要应对气候变化及自然灾害、病虫害疫情、供应链效率低下等难题，涉及农业生产和运营的方方面面。农业物联网的发展能为应对农业领域的各种挑战提供多样化的解决方案，部分国家和地区已经采取了一些信息化的技术手段和干预措施，并取得了不同程度的成功。通过农业物联网提高农业部门的生产管理、运营效率和可持续性，对农业部门及其他利益相关者产生变革性的影响，这一愿景体现了可持续发展的原则。

1.5.3　全球农业物联网的发展趋势和特点

1. 发展趋势

根据国际电信联盟和联合国粮农组织的报告，大部分国家的农民在获取农业信息、应用信息化技术方面处于劣势，农业物联网的发展需要政府的引导和支持，并充分发挥农业科技公司的作用，大力推广农业物联网应用，提高农业产业的技术含量。在现代化农业的发展过程中，农业生产管理科学化、智能化、网络化、集约化的趋势日益明显。

(1) 技术发展趋势。结合信息感知、无线通信、大数据、云计算、人工智能、区块链等技术，推动农业转型升级。在信息采集方面，传感技术、视频监控技术将全面应用于育苗育种、种植养殖、产品收获、加工、运输、储藏等环节；在传输网络方面，无线传感器网络、4G、5G 将为农业发展提供更大的驱动力；在应用服务方面，农业云平台大数据应用更加广泛，农机自主作业更为普遍；物联网与区块链相结合为农业信息管理和金融服务提供便利。

(2) 业务发展趋势。农业物联网业务范围已从最初的种植养殖监控，发展精细农业，扩展到包括种植、养殖、加工、运输和销售全链条的溯源系统，以及结合智慧农业、生态环保、文旅等的美丽乡村、田园综合体和智慧农业文旅等领域。

2. 发展特点

(1) 技术壁垒高。集新兴的现代农业、物联网、大数据、人工智能、区块链、移动通信等技术为一体，技术壁垒高。

(2) 开发空间大。农业物联网平台具有智能、复杂的特点，加上物联网大范围自组网、实时定位，在模块选择、核心算法等方面的研发难度高，因此产品开发空间大，不易出现市场垄断局面。

(3) 产品定制需求增加。为满足不同用户特定的业务需求，需定制开发产品，提升性能、安全可靠性和应用适应性。

(4) 技术要求日渐规范。国际标准化组织(ISO)、欧洲电信标准化协会(ETSI)、国际物品编码协会(EAN)和美国统一代码委员会(UCC)合作创办的 EPCglobal 等国际标准化组织大力推进传感器技术、无线通信技术和射频识别技术等的标准化，加快了物联网标准化进程。

1.6　农业物联网网络架构

农业物联网运用传感器、无线通信、大数据、云计算、人工智能和区块链等先进技术，构建农产品溯源(traceability)、智能加工、智能仓储、冷链运输和销售管理体系，为农产品的生产和交易提供高效、高性价比的数据支持，为农业的科学决策、资金投入以及

风险管控提供有力保障，推动传统农业向智慧农业发展。智慧农业物联网平台系统采用了物联网建设发展过程中的主流和成熟技术，其网络架构分为三层，即感知层、传输层、处理和应用层，如图 1-1 所示。

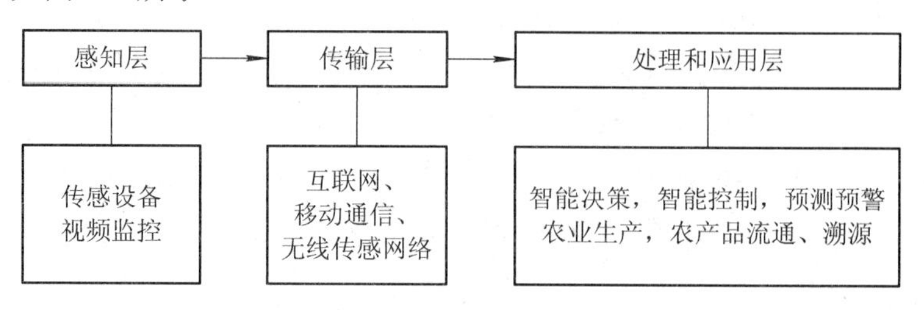

图 1-1　农业物联网网络架构

1. 感知层

感知层的主要功能在于把农业数据通过摄像监控单元、GPS/北斗定位、传感器模组、多网关、无线传感器网络和宽带移动通信网络等设备和系统转化成数字化信息或数据。农业物联网平台所采集的数据信息通常包括数十项参数，涵盖了气象、土壤和水质等，如大气温湿度、光照辐射度、大气压力、CO_2 浓度、降雨量、空气质量(PM2.5)，土壤酸碱度和肥力(氮、磷、钾)，水质中溶解氧、酸碱度、氨氮、硬度、总磷等参数，以及农作物和家畜家禽、病虫害的视频和图像等。

2. 传输层

传输层的主要功能是将传感器采集到的农业信息，通过 ZigBee、Mesh WLAN、LoRa(Long Range)、NB-IoT(Narrow Band Internet of Things)、4G/5G 等进行汇总，对信息进行初步处理和传递，这是农业物联网的核心环节之一，决定了系统的稳定性、可靠性、准确性等。

3. 处理和应用层

处理和应用层融合、处理、分析来自传输层的信息并开展智能决策，实现智能化应用。通过处理和应用层可以实时了解各类农业信息，便于形成数字化、科学化的认知。处理和应用层将农业物联网与用户紧密联结在一起，并结合农业物联网行业的需求，最终实现农业发展的智能化。

1.7　农业物联网关键技术

1. 农业信息感知技术

农业信息感知指的是应用传感器、射频识别、北斗/GPS、无线远程视频监控等技术采集农业要素的信息，种植业、畜牧业、水产养殖业和林业等均包含在内。具体的感知信息包括农业生产过程中的环境信息，农作物、畜禽、水产品等的生长信息，生产及加工设备的运行信息，产品的流通信息等，所感知信息作为农业生产、管理、销售等环节

的决策依据。

(1) 传感器技术。传感器是农业物联网的基础设施，在构建农业物联网应用系统时，传感器主要用于采集实现智能应用所需的数据，包含环境参数、农作物生长状况、畜禽和水产品生命体征等内容。

(2) 射频识别技术。使用射频识别技术可以在不接触的情况下对目标物体进行识别，其识别的农业对象主要是畜禽个体，识别结束后可以收集数据信息，操作简单、快捷。

(3) 北斗/GPS 技术。北斗/GPS 主要用于农业设备定位、畜禽定位、田间机械作业定位导航、农产品流通定位等方面。

(4) 无线远程视频监控技术。通过无线远程视频监控技术采集农业生产、加工和运输现场的图片、视频信息，了解环境、生物、设备等的实时状况。

2. 农业信息传输技术

农业信息传输是农业信息感知和处理的中间环节，首先传感器以自组织的方式构建无线传感器网络，汇聚传感器采集的信息，接着交由 Wi-Fi、ZigBee、NB-IoT、LoRa、4G 和 5G 等无线通信网络将信息传输至处理平台。

3. 农业信息处理技术

农业信息处理是农业信息应用的前提，这一过程涉及数据库设计、数据挖掘、云计算、神经网络、图像处理、地理信息系统(Geographical Information System，GIS)等技术，农业相关主体可以将处理后的农业信息应用于生产经营的各个环节，以数据为依据开展科学的农业生产、经营实践。

1.8　国内外农业物联网比较

1.8.1　国内外农业物联网应用现状

1. 国内外农业物联网应用情况

物联网目前已应用在农业育种、农作物种植、畜禽及水产养殖、农产品质量安全管理、农业资源调控等方面，并取得了一系列成果，不断推动农业产业往标准化方向发展。

(1) 农业育种。农业育种环节是影响农产品生长质量、农业生产质量的关键，目前物联网在农业育种方面的应用已十分普遍，明显提高了农业育种质量及其规范化水平。物联网主要通过检测育种过程的详细参数，如温度、湿度、溶解氧、氨氮以及种子营养供给状况、种子发育情况等数据信息，并根据种子的发育情况对培育环境进行调节，确保环境与种子生长需求相匹配。

(2) 农作物种植。物联网在农作物种植过程中的应用主要包括种植环境监测与调控、农作物生长情况分析、病虫害监测与防治、浇水施肥用药管理、种植设备控制等几个方面，通过这些应用已经能够使农作物种植达到精准化监测与控制的目的，避免了许多人工管理可能产生的失误，对于提升农作物产量具有显著作用。

(3) 畜禽及水产养殖。物联网在畜禽及水产养殖领域的应用与农作物种植相似，包括使用传感器、摄像头等设备监测养殖环境、畜禽和水产的生长情况，获取环境参数、生长体征、进食量、活动情况等信息，以真实数据为依据，对养殖方案进行调整，对环境、饲养操作等进行智能控制。

(4) 农产品质量安全管理。采集农产品生产、加工、运输、检验、销售环节的多项数据进行集中管理，建立农产品质量安全追溯系统，服务于生产者、消费者及监管者，方便在产品质量问题发生时及时找准问题源头，采取处理措施。

(5) 农业资源调控。建立物联网平台统一存储农业资源信息，通过数据处理、分析对资源使用效率、使用合理性等作出判断，进而科学进行农业资源调控，维护农业生产和资源利用之间的平衡。

2. 我国农业物联网市场需求

(1) 我国农业生产技术及效率亟待提升。目前我国农业领域多存在生产效率低、生产消耗高、产量及质量难以保障等问题，农业发展可持续水平低。要从根本上提高农业生产效率、效益及可持续水平，关键在于应用技术手段发展农业生产，其中也包括对物联网的应用。

(2) 我国农业生产模式亟须改进。我国农业生产普遍存在凭经验进行决策、资源利用效率低、对环境污染严重等问题。因此建设农业物联网生产管理模式，用数据和技术指导生产，这不仅能够让生产管理更加科学，减轻农民劳动负担，突破农业信息获取困难、智能化操作程度低等瓶颈，还能促进环境友好型农业的发展，把弱势的传统农业转变为高效率的现代农业。

1.8.2 国内外农业物联网性价比比较

从以下几个方面对目前国内外农业物联网的性价比加以比较：

1. 技术及创新

(1) 技术研发和创新能力。国外发达国家农业科技公司和政府较早开展农业物联网研究，信息化水平高。我国对农业物联网前沿关键技术的研究起步较晚，且多半是跟踪研究，技术理论基础薄弱，缺乏创新理念和原创性成果。在设计制造方面，我国的材料技术、工艺技术、信息化技术、智能制造技术、检测技术、系统集成技术与国外相比仍有较大差距。

(2) “产学研”结合程度。我国农业物联网“产学研”脱节问题比较严重，农业物联

网技术研发主要集中在高校和少数研究所，概念性产品多，但很少转化到现实应用中去，实际产业转化率不高。国内大多数的农业物联网企业主要提供简单视频监控、传感器监测和后台软件开发服务，新产品设计及应用创新能力弱，难以真正解决农业劳动力紧张、生产效率低和生产成本高等问题。

2. 产品及应用

(1) 建设完整物联网平台的能力。我国企业对物联网基础产品及关键材料(如传感器模块)的制造能力弱，90%以上的农业物联网相关企业主要从事农业物联网终端设备及后台软件平台的开发，真正能够承担建设整个农业信息化平台，且具有产业化应用能力的企业不到 5%。

(2) 农业物联网应用成本。相比国外农业物联网应用，我国农业物联网应用不仅范围小，且多数应用成本极高。当前我国大多数农业物联网企业的产品开发成本高，相应的市场价格也高，其应用成本超出了许多农业企业的承受范围，导致农业物联网应用落地难度大，农业信息化进展缓慢。

(3) 农业物联网应用示范。我国农业物联网信息化人才少，领军企业少，缺少高性价比的农业物联网应用示范，在农业种植、畜牧养殖、水产养殖等领域未能真正帮助农业企业提效增量，农业物联网大范围应用受阻。

3. 技术标准和知识产权

(1) 农业物联网标准和技术规范。我国未能及时制定农业物联网标准及技术规范，智慧农业平台及产品先于标准出现，不同程度地存在自成体系的情况，给农业物联网统一管理带来了困难，造成了极大的资源浪费。

(2) 知识产权数量。我国虽然已在农业物联网技术及应用方面申请了一批发明和实用新型专利，但从总体来看，农业物联网技术水平仍有待提高，专利数量和种类有待增加，专利体系有待建立，国内外差距仍然很大。

1.9　农业物联网标准化及其相关政策

农业模式的转变与农业物联网的发展相辅相成，作为涉及农业、信息感知、网络通信、人工智能等诸多领域的复杂系统工程，农业物联网需要有切实的标准加以规范，以促进农业及物联网应用的良性发展，加快产业化进程。

国际上的农业物联网标准化工作开展较早，相比之下国内物联网标准难以直接应用于农业生产和管理领域，农业物联网标准化体系建设进程严重滞后，农业物联网产业化因此受到了限制。

为解决上述问题，农业农村部在 2011 年开始组织建设并不断完善农业物联网标准体系，成立了农业物联网行业应用标准工作组和农业应用研究项目组负责该项工作的具体落实。后续发布的《农业物联网区域试验工程工作方案》对制定农业物联网行业应用标准和产品使用规范作出了要求。

农业物联网区域试验工程也于 2013 年正式启动，随后连续几年在山东、新疆、江苏、黑龙江等全国八个省市自治区进行了农业物联网技术集成应用示范试点建设，此举进一步推动了农业物联网理论、技术、应用、标准等的构建与完善。近年来，国家“一带一路”倡议为农业物联网标准建设、项目示范、国际合作提供了制度保障，农业物联网标准建设工作取得了重大进展。

第 2 章　物联网农业信息感知

2.1　传感器及其农业应用

2.1.1　传感器概述

1. 传感器的概念

传感器是检测信息的装置，它最基本的功能是把信息转换成电信号，以便处理和分析。传感器由敏感元件、转换元件及信号调节与转换电路构成，其中直接获取物体信息的是敏感元件；转换元件也叫作传感元件，它将来自敏感元件的信息转换成电信号，这一过程需要遵循一定的规则；信号调节与转换电路对电信号进行调制，输出可供后续环节应用的电信号。另外，转换元件、信号调节与转换电路正常工作需要获得一定的电量供给，这通常由辅助电源完成。传感器的组成如图 2-1 所示。

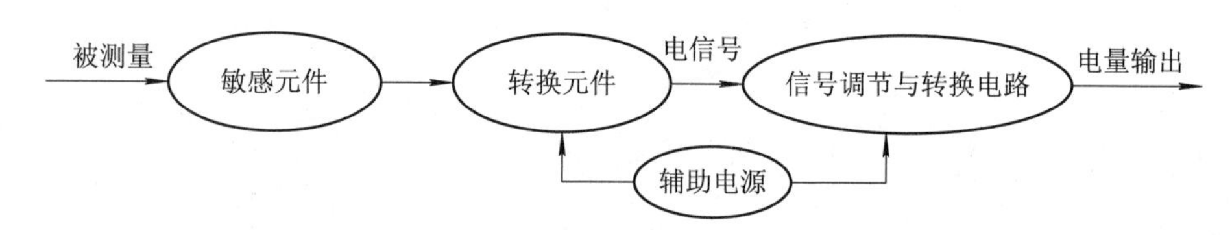

图 2-1　传感器的组成

传感器的分类依据众多，用途、工作原理、输出信号、制造工艺等都可以作为其分类依据，较常用的分类方式如表 2-1 所示。

表 2-1　传感器分类

传感器分类依据	传感器名称
按用途分	力敏传感器、气敏传感器、生物传感器等
按工作原理分	电阻式传感器、电压式传感器、光电式传感器等
按输出信号分	模拟传感器、数字传感器、开关传感器
按制造工艺分	集成传感器、薄膜传感器、厚膜传感器、陶瓷传感器

2. 传感器的数据处理和传感器校准

1) 传感器数据处理

传感器感知到信息后，会依照设定的规则，把这些信息转换为电信号，再进行输出。

主控设备接收到信号后对其进行处理分析，提取有价值的数据，再通过其他方式传送这些数据。

2) 传感器校准

传感器校准指的是在明确传感器输入与输出关系的基础上，使用标准仪器标定传感器，其内容包括传感器的工作特性、环境特性、物理与几何参数等。将标准仪器产生的已知量作为被标定传感器的输入，将所得输出量与输入量做比较，即可了解传感器的性能。传感器的校准流程如图 2-2 所示。

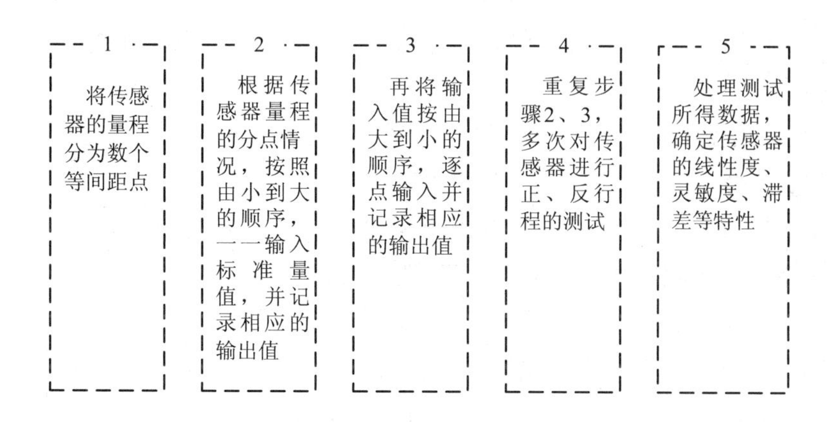

图 2-2　传感器的校准流程

3. 传感器选择

传感器的性能是由精度误差、稳定性、可靠性、参数一致性、量程范围等共同决定的，同时，环境检测对传感器的性能要求较高，不同环境根据无线信道模型可以分为城市密集区、城市稀疏区、郊区、农村和平原等，不同区域对传感器的检测性能也有不同程度的影响。其次，所检测环境的温度变化、湿度变化、雷雨降水、空气盐雾腐蚀、雷击静电及周围其他干扰因素也会影响传感器的监测结果。此外，传感器检测数据结果还与数据处理电路和传输电路有关，如果电路没有经过专业电磁兼容(Electromagnetic Compatibility，EMC)设计及数据误差校准处理，同样会使得传感器检测结果出现很大偏差。

当传感器受到各种外界因素影响产生随机误差、系统误差、粗大误差和坏值时，需要通过模拟滤波、数字滤波、数据拟合、数据建模等方法进行数据处理和校正，否则传感器数据结果将因出现较大偏差而无法使用。

事实上，如果不经过严格的专业技术处理，价值上万元的传感器和几百元的传感器在监测性能方面相差无几，因为监测性能受到外界因素的影响，监测数据不可靠，缺少实用价值。而目前我国市场上的大部分传感器存在这类问题，很多属于三无器件：没有经过计量校准测试，没有第三方性能测试报告，没有认证报告和数据，因此此类传感器无法满足实际的应用要求。

2.1.2 传感器产业

1. 传感器产业现状

我国对传感器的使用需求大，市场规模可达数百亿元。但现在国内自主生产的传感器还远远不能满足需求，产生这种现象的最主要原因在于国产传感器普遍在灵敏度、准确性、稳定性等方面存在问题，且由于传感器及相关专业人才数量少，传感器研发进展缓慢，使其发展和应用都受到了极大的限制。目前市场上销售的传感器多产自美国、德国和日本，这三个国家占据了绝大部分的传感器市场份额，其他国家与此相距甚远，究其原因，主要体现在以下几方面：

第一，国产传感器的可靠性、稳定性与国外产品差距较大，在使用过程中易受外部环境条件的影响。生产企业缺少电子产品检测标准和技术积累，测试大都是传统的误差测试，缺少电磁兼容(EMC)、环境可靠性和安规等测试，亟需在这些方面进行改进。

第二，校准并消除传感器误差是传感器能够正常使用的关键，但我国在这方面的技术水平较低，当传感器出现各种类型的误差和坏值时，未能恰当采用数字滤波、数字拟合等技术和算法进行处理，其带来的直接影响是传感器性能差，不能准确感知外部信息并完成信号转换，且传感器稳定性容易受到外部环境干扰，国产传感器应用及其产业发展也因此停滞不前。

第三，国内制造传感器所使用的材料和工艺相对落后。目前发达国家普遍采用MEMS 技术、纳米技术等来减小传感器的体积和功耗，在安装和维护方面也节约了很多费用，且制造出的传感器可以完成某些传统传感器不能完成的任务。但国内传感器尚未有相关技术的应用。

尤为重要的是，英国、美国等发达国家对通信技术的研究较为深入，研究成果的应用效果显著。以无线传感器网络为例，这些国家研发构建的无线传感器网络在可覆盖范围、可靠性、稳定性、成本等方面具有明显的优势。与采用单一传感器独立检测相比，使用大量传感器同时检测并构建互联互通的无线传感网络，扩大了检测范围，降低了误差率，提高了可靠性，这也是推动我国传感器产业发展的技术研发及应用方向之一。

2. 传感器产业化问题及解决策略

目前国内传感器产业的发展存在以下几点问题：

(1) 科技成果转化率较低，产业化基础薄弱。农业传感器的市场准入门槛高于其他产品，但其技术水平和开发程度都比较落后，人力、物力、工艺技术等资源配置缺乏，导致企业难以支撑长时段与较高失败率的传感器研发，传感器从科技成果转入产业应用较为困难。

(2) 对国外技术的依赖程度高。传感器企业的研发能力不足，在生产过程中对进口芯片的依赖程度高，对其余相关技术也多依赖模仿和引进，这种情况在农业级传感器方面尤

为突出。国内现有传感器的整体技术水平、准确性、稳定性、可靠性等方面均有待提升。

(3) 市场竞争力不足。需求量大是我国传感器市场的一个明显特征，然而国产传感器只能满足其中一小部分需求，我国现有从事传感器研究的企业大约有 2000 家，但只有极少数企业能够在传感器个别领域占优势，专业化企业数量不足 3%，缺乏龙头企业的引领，也没有拿得出手的国际品牌。在物联网领域中使用的传感器产品基本上都来自国外，大部分的国内传感器企业规模一般，只有郑州汉威、宝鸡麦克、南京高华等体量突出，产值超过 1 亿元。

(4) 成本优势不明显。国内传感器生产成本高，且多数产品较为低端，提高技术水平需要进行工艺研发，这需要大量的资金投入；再加上在市场竞争中处于劣势，收益少之又少，甚至企业出现亏损现象，传感器生产所需成本供给不足，还有大量传感器厂家没有实现对传感器的机械化装配，产出效率低，规模效益更是无法达到。

(5) 行业不被重视。新基建建设如火如荼，传感器作为智能感知的最前端，其发展对于推进智能化建设至关重要，理应得到重视，但现实情况却恰恰相反。20 世纪 80 年代初期，国家科委曾就“是否将传感器技术纳入信息技术范围”这一问题组织专家进行了讨论，专家们产生了严重的分歧，最终传感器因体量太小而被否决。至今，虽然受相关政策影响，传感器产业发展情况有所改善，但还是没能从根本上释放传感器产业的发展潜力。

(6) 融资困难。传感器在智能制造、工业互联网、人工智能等领域不可或缺，但传感器产业并没有随着智能制造、人工智能产业的发展而崛起，主要是因为对传感器产业缺乏足够的重视，投资界对其反应平平。国家对传感器产业的扶持政策少，也影响了投资的判断与选择。

为了改变国内传感器产业相对落后的局面，可从以下几方面入手：

(1) 政策与管理方面。政府加强对传感器产业的扶持，鼓励加大研发投入，建立完善的传感器产业链和上下游机制，推进传感器研发成果向现实生产力转化。完善与传感器产权保护相关的制度，严厉打击侵权行为，维护传感器研发人员的利益。加强统筹管理，确认传感器产业管理的主要部门，避免多头管理的弊端。

(2) 资金方面。国家设立扶持和引导传感器产业化的专项资金，有偏向、有重点地支持一些传感器工艺和技术的研究与转化，还可以适当减免税收。

(3) 行业方面。制定传感器行业发展整体战略规划和传感器技术规范，明确传感器行业发展的总体方向和指导方针，是传感器产业化发展的基础。为了提高传感器的产业化水平，可以从企业入手，扶持传感器龙头企业，发挥其产业化示范带头作用，由点到面，逐步打造传感器产业化示范区，促进形成产业集聚与规模效应。其次，树立国际化意识，建设传感器产业园区，研发制造能参与国际竞争的中国传感器，使国内的传感器产品、品牌与集聚区具备国际优势与特色，再进一步完善产业结构与产业链，提升传感器行业整体能力。

(4) 技术与人才方面。首先要培养和集聚人才，加大对传感器技术的研发力度，形成良好的研发环境。制定人才培养计划，如在高等院校开设传感器相关的课程。强化产业协会的服务功能，为传感器企业提供市场推广、技术、人才等方面的信息。在促进产学研结合方面，可以集中国内外传感器企业、院校相关专业人才组建国家级传感器实验室，进行自主创新，并建立专门推动技术转化与推广的产业化基地，形成产业联盟。

2.1.3 农业传感器

农业传感器是发展农业物联网的基础设施之一，也是构建农业物联网完整信息链必不可少的设备。农业传感器采集农业生产信息，是农业物联网系统正常运行的前提，农业传感器的性能也会影响整个农业物联网系统的运行水平。

1. 农业传感器类型

农业传感器主要有环境监测类传感器和生命信息感知类传感器两类。环境监测类传感器主要用于感知与水体(如溶解氧、氨氮、pH、水温、电导率、浊度)、土壤(如水分、电导率、肥力)、气象(如太阳辐射、空气温湿度、风速风向、降水量)等相关的信息；生命信息感知类传感器用于检测植物元素信息、畜禽生长体征信息(如体温、血压、脉搏)等，为分析生物生长状况提供数据。

2. 农业传感器现状

我们以水产养殖方面的应用为例，谈谈农业传感器发展的现状。近几年随着物联网的兴起，传统农业水产养殖领域也开始应用农业传感器，引进水质监测及控制设备，用于指导科学的养殖生产，其使用到的传感器可以称之为渔业传感器，主要监测对鱼、蟹、虾的生存、生长有重要影响的几类指标，包括溶解氧、水温、pH、氨氮、浊度和硬度等。这几种探头在农业传感器行业并不少见，有些有多种检测方法，其应用也多已成熟，遗憾的是，将这些使用成熟的农业传感器引入到水产养殖领域却存在诸多问题。

首先是成本价格。传感器属于高精密仪器，目前用于工业生产的高精度传感器基本都从国外进口，价格高，工业领域尚能承受，但是对于低投入、低产出、低收入、对成本价格比较敏感的农业来说，高价格必定影响它的使用和推广。以养殖最需要的溶氧探头为例，在水质检测行业里公认的权威是美国哈希，一般一支探头在 1 万元以上，还不包括后期维护成本，如果再加上其他辅助设备，需要 2～3 万元一套，而一般养殖户，亩产纯收入不过 2～3 千元，年纯收入不过几万元，传感器价格如此之高，很难推动养殖户安装使用。

其次是行业性。目前熟知的农业传感器都不是专门为水产养殖行业量身定制的，在应用实践中存在比较大的差异。以哈希溶氧为例，由于采用了特有的荧光法检测，在自来水厂、污水处理厂都有较好的应用效果，但是用于水产养殖后，探头非常容易附着藻类和青

苔，严重影响水质检测效果。

再次是稳定性。随着养殖行业的需求扩大，现有探头供不应求。国内出现了一些传感器厂家专门为养殖行业定制研发传感器，较有名气的有郑州科达、河南渔工、北京大华等。高端水质传感器国产化后，价格有所降低，一整套设备加传感器一般不超过 5000 元，但是据不少用户反馈，很多传感器在刚开始使用时数据相对准确(与哈希对比)，但是使用一段时间后数据会出现比较大的偏差。由于传感器是高精密仪器，需要长期的沉淀和经验积累，所以国产传感器的稳定性仍需磨炼。

最后是维护问题。几乎所有的用户都会反映一个问题——维护麻烦，无论是进口传感器，还是国产化的传感器，每隔一段时间都需要维护。原电池法、极谱法需要更换电解液及配件，哈希的荧光法需要清洗荧光帽，同时都需要再次校准。对于普通农民养殖户来说，这是一项艰巨的技术活，稍不注意就会造成探头损坏，产生额外的维修费用，而如果不去维护，又会造成采集的数据失准，这就要求传感器尽量缩短维护周期，降低维护难度，从而减少维护成本。

就目前的情形来说，如果以上几个问题不解决，很难推动养殖业对传感器的大规模使用，更谈不上产业化，但是应该看到：第一，传感器潜在的用户需求量巨大，随着物联网的兴起，基于物联网的智慧水产养殖系统在这几年快速发展，传感器作为物联网技术的关键部分必不可少，作为水产养殖大国，其发展带来的需求量也是巨大的，这是推动渔业用传感器发展的前提；第二，研发需要时间成本，需要资源整合。行业公认的现状是：国内起步晚，创新能力弱，投入低，发展慢，所以有效地整合现有资源是快速推进行业发展的必要手段；第三，刚开始起步，目前适用于水产养殖的最小性价比传感器还是一片空白，可以让更多的企业、更多的资源参与传感器研发；第四，打通产业链，促进行业良性循环。传感器是物联网技术的核心，也是瓶颈，是水产物联网一直缓慢发展的关键因素，一旦技术得到突破必将带动整个水产物联网相关软、硬件产品的快速增长，推动整个产业的发展。

3. 国内外农业传感器对比

与进口传感器相比，我国自主研发的传感器在性能水平及产业化程度等方面均有所不足，具体表现如下：

(1) 传感器监测所得数值与真实数值之间存在偏差，精度低于进口传感器 1 或 2 个等级，且通常仅有一种检测功能，使用过程中容易发生故障，性价比不高。

(2) 没有完善的传感器通信技术作为支撑，无线传感器网络技术未能完全与传感器的通信需求相匹配，很大程度上限制了传感器覆盖范围的扩大及其监测精度的提升。

(3) 农业生产需要采集的数据类型丰富，但传感器所能监测的参数种类有限，只能完成一些简单监测，不能达到系统化监测的要求。

(4) 传感器校准技术不成熟，如何确定、分析传感器误差并对其进行消除，仍是一个亟须解决的问题。

(5) 缺少传感器电磁兼容、环境可靠性测试方面的应用，没有建立统一的传感器安全性能评价标准。

(6) 传感器制造工艺基础薄弱，亟待开发基于纳米技术、微机电系统技术(MEMS)的传感器，从体积、功耗、可靠性等多个方面对传感器进行优化。

4. 农业传感器应用

(1) 育苗育种。作物种苗培育对环境有特定的要求，温度、湿度、光照强度等需要保持相对稳定，为提高育苗育种成功率，通常使用传感器对这些参数进行监测，以便对培育环境进行科学调控，还可以利用生物传感器和基因工程培育优良品种。

(2) 种植养殖。在农作物种植环节，传感器采集与种植环境、农作物生长状况相关的信息，如利用离子敏传感器测量土壤成分、农药化肥元素，合理进行施肥；用传感器获取农作物的重量、颜色等信息，综合这些要素判断农作物是否已经成熟，从而合理安排收获时间；在养殖过程中，也多使用传感器监测养殖环境、采集生物生长信息、检测饲料成分和产品质量。

(3) 农业机械。许多农业机械上都安装有传感器，如能够自主判断收割高度、剔除谷物杂质的收割机，可以自主调节灌溉时间、灌溉量的智能节水灌溉设备，能够自主完成农业作业的智能机器人等，这些农机性能强大，有利于减轻劳动负担，提高工作效率。

(4) 农产品分类与储藏。农产品品质分级也需要用到传感器，通过传感器测定产品中某些成分的含量，依据所得数据对产品进行分类。储藏农产品时利用传感器监测储藏环境、识别变质产品。

2.2 拉曼光谱技术

1. 拉曼光谱技术

拉曼光谱技术是一种用来检测物质结构成分的技术，它以拉曼光谱效应为基本原理，通过检测光谱特性来分析物质特征，以比对拉曼光谱间的差异，实现对不同物质的辨别。

在激光技术、仪器学、光谱学等研究不断深化的同时，拉曼光谱技术的功能也变得更加多样化，发展出了表面增强拉曼光谱技术(Surface-Enhanced Raman Spectroscopy，SERS)、共振拉曼光谱技术(Resonance Raman Spectroscopy，RRS)、共焦显微拉曼光谱技术(Confocal Raman Spectroscopy，CRS)、傅里叶变换拉曼光谱技术(Fourier Transform Raman Spectroscopy)等。目前拉曼光谱技术已广泛应用在生物医学、石油化工、物证鉴定、污染检测、农业检测等多个领域，为各行业的发展提供分子结构方面的信息。

2. 拉曼光谱技术在农业领域的应用

与传感器技术相似，拉曼光谱技术可以作为农业物联网感知技术，感知农业信息供农

业生产管理使用或投入建立农产品溯源系统。虽然拉曼光谱技术在农业领域的应用开始较晚，但因其具有无须样品预处理、非接触式快速检测、光谱成像分辨率高等优点，在农产品化学药剂残留检测、农产品非法添加物质检测等方面得到了广泛应用，具有普通检测方式所无可比拟的优越性。拉曼光谱技术在农业领域的应用主要包括：

(1) 农产品农药残留检测。在农作物种植过程中，过量使用农药会对农作物造成污染，对食用者的身体健康产生威胁，使用拉曼光谱技术进行检测，可以高效、便捷识别各种类型的农药，与普通的农药残留检测方式相比，拉曼光谱检测可以精确掌握农药相关元素及成分，加强检测的细致性和准确性，进而防止不符合质量安全要求的农产品混入市场。在农药残留检测中常用的拉曼光谱技术有傅里叶拉曼光谱技术和表面增强拉曼光谱技术。

(2) 畜产品品质检测。国内外均开展了许多畜产品拉曼光谱检测方面的研究，例如，结合拉曼光谱技术和主成分分析技术(Principal Components Analysis，PCA)，获取畜禽肉品和香肠产品内的脂肪样品，根据脂肪样品拉曼图谱的差异区分香肠产品的来源；利用拉曼光谱技术对乳制品中的三聚氰胺进行检测，通过分析拉曼光谱强度判断三聚氰胺浓度，从而检测出不合格产品。

(3) 粮食质量安全检测。粮食在长时间的存储过程中容易发生变质，误食变质粮食会对人体健康造成不良影响，使用拉曼光谱技术对粮食质量进行科学检测，可以及时发现粮食变质问题。应用拉曼光谱技术和差示扫描量热技术，对粮食中的复合物分子构造、热力学变化特征等进行详细感知与分析，再与未变质粮食的指标数据进行比对，即可对粮食的安全性作出判断。

(4) 农产品营养成分检测。为满足消费者了解农产品营养成分的需求，防止过量摄入营养元素给人体造成负担，需要对农产品中含有的营养元素(如维生素、蛋白质、脂肪等)进行检测，拉曼光谱技术在这一应用中的操作难度低、检测结果准确。对于生产者来说，准确掌握农产品营养成分及其含量信息，有助于分辨适合食用的人群，开展有针对性的农产品生产与销售，提高农业生产经济效益。

3. 拉曼光谱技术农业应用存在的问题

拉曼光谱检测具有效率高、实用性强等特点，农业领域已经有了这方面的应用，且具有极大的应用发展空间。各种类型的拉曼光谱设备逐渐高精度化、小型化、便携化，实际使用也更为便利，但就目前而言，拉曼光谱技术在检测稳定性等方面的性能仍有待优化。

(1) 使用拉曼光谱技术检测农产品时需要采用光谱曲线拟合、滤波去噪等方法对杂散光进行抑制，否则会对光谱信号造成干扰，降低检测的准确性。除此之外，还要深入研究光谱信号提取技术，以便在发现微弱信号时也能够进行恰当处理，在这种条件下，拉曼光谱痕量成分检测方面的应用也将获得进一步发展。

(2) 在影响拉曼光谱散射强度的众多因素中，光学系统参数是极为重要的一种，因此，为使检测结果更为准确，需要设置合理的光学系统参数，进行系统模型优化。

(3) 随着拉曼光谱检测技术在农业领域的应用场景不断丰富，标准光谱图稀缺的问题日渐凸显。为解决这一问题，需要不断补充、更新拉曼光谱数据库中的内容，确保检测时能找到相应的光谱图进行比对。

(4) 丰富拉曼光谱检测方式和指标，并对其检测稳定性进行优化，使其能适应不同的检测环境，从而进一步拓展应用范围。

(5) 国内将拉曼光谱技术应用于农业领域尚处于起步阶段，实际检测应用并不多，多数院校及研究所仍在进行基础性研究，对于拉曼光谱仪等设备的研发能力不足，对技术应用推广形成了一定的阻碍。结合国内外先进设计经验，研发出实用性强、成本低廉的拉曼光谱设备并投入实际应用，是国内发展拉曼光谱技术的重点。

2.3 射频识别技术

使用射频识别(RFID)技术能够在不与物体接触的情况下识别物体，并以电磁耦合(Electromagnetic Coupling)的方式获取目标对象的信息。

1. RFID 的特征

(1) 操作便捷。RFID 读写器与标签之间无论相距几厘米还是几十米，都能完成信息传递；RFID 阅读器能同时识别多个物体，识别效率高；信息在读写器与标签之间传递耗时短，传送速率高。

(2) 标签容量大。RFID 标签存储信息量的最高限值为几兆字节，其容量远远大于条码载体。

(3) 安全性高。可以用循环冗余检查等方式检验 RFID 标签传递的信息是否发生了变化，也可以对数据进行加密保护，防止内容被篡改。

(4) 受环境影响小。RFID 能够穿过纸张、木材等非金属覆盖物进行穿透性通信，且在无光环境中也可以读取数据，没有可见性要求；RFID 标签对高温等环境条件的适应性强，使用寿命长。

(5) 重复利用率高。RFID 标签内的数据是可以更改的，因此标签可以重复利用。

2. RFID 系统组成及其工作原理

(1) 系统组成。RFID 系统一般由射频识别标签、射频读写器和信息系统构成。每一个射频识别标签都带有供辨识使用的 EPC 编码，标签内含天线和专用芯片，存储着物体的信息。射频读写器是用来读取或写入信息的设备，内含控制器(Controller)和天线(Antenna)，其作用距离由本身的发射功率决定。信息系统向射频读写器发送应用指令，同时负责接收、分析、管理射频读写器发送的数据。

(2) 工作原理。RFID 系统的工作原理如图 2-3 所示。射频读写器通过天线发送射频信

号与射频识别标签实现非接触耦合(Noncontact Coupling)，驱动射频识别标签通过内部天线发送数据信号，射频读写器依序接收信号并进行解码，校验数据的准确性后将其发送至信息系统进行进一步处理。

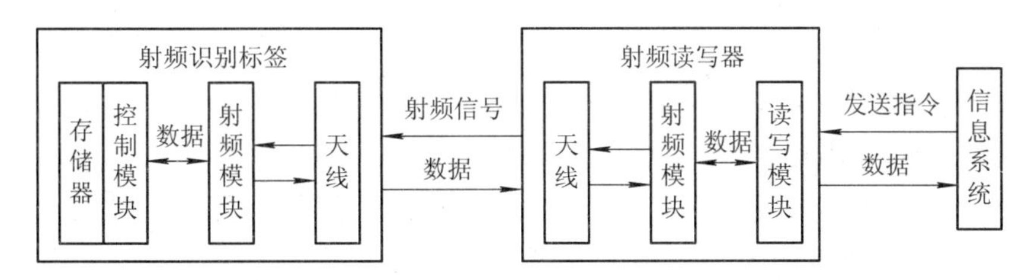

图 2-3　RFID 系统的工作原理

3. RFID 在农业中的应用

(1) 农产品种植管理。应用 RFID 技术、传感器技术监测与土壤条件、水质情况、气象状况、农药使用相关的信息，并记录在 RFID 标签内，通过 RFID 阅读器读取标签内的信息，了解农产品生长情况。通过无线通信技术将这些数据传输到数据库系统内，生产人员可以对农产品进行统一的精细化管理。

(2) 畜禽养殖管理。以生猪养殖为例，给每头猪佩戴具有唯一编号的 RFID 电子耳标，并将养猪场代码、生猪批次、畜舍号、来源信息、品种品系、进场日期等信息，通过 RFID 读写器统一写入耳标内，相当于给猪办理了身份证。在养殖过程中实时往耳标内添加生猪饲喂、疾病、免疫、养殖环境等信息，形成完成的生猪养殖档案，与养殖管理系统实现信息关联。

(3) 农产品溯源。运用 RFID、传感器、GPS 等技术获取、记录农产品产业链上各环节的信息，结合信息传输技术、数据库技术等建立农产品溯源系统，实现对农产品的追踪和对农产品质量的鉴别。

2.4　二维码技术

二维码技术是对文字、图像等信息进行数字化编码和自动识别的技术。二维码也叫二维条码(2-Dimensional Bar Code)，它由黑白两色的几何图形遵循一定的规律排列而成，在水平、垂直方向都可以表达信息。二维码的发展演变基于一维码，在信息存储量、编码范围、容错能力、安全性、抗损性、译码可靠性等方面均有所提升，应用领域也更加广泛，常见的应用场景包括移动支付、电子证照、网页导航、文件保密、公共交通、产品溯源等。利用图像输入设备、光电识别设备即可识读储存在二维条码内的信息。

不同二维码的编码原理和结构形状有所差别，据此可以将二维码分为堆叠式(Stacked)二维码(行排式二维码)和矩阵式(Matrix)二维码(棋盘式二维码)。堆叠式二维码(如 PDF417、Code16K、Code49 等)由成行排布的一维码堆叠而成，两者因此具有相似的编码原理，差别则体现在译码算法和软件方面；矩阵式二维码(如 QR Code、MaxiCode、汉信码等)在一个矩形空间内，通过“点”和“空”的排列组合表达信息，其中“点”代表二进制“1”。“空”代表二进制“0”。

1. 二维码应用系统

二维码应用系统是以二维码存储和表示信息的计算机信息系统，由二维码生成设备、二维码标签、二维码识读设备和信息处理系统构成，如图 2-4 所示。系统功能效果受条码设计、条码质量、识读设备质量等因素的影响。

二维码生成设备生成二维码标签，二维码标签承载信息，二维码识读设备进行扫码、译码，并将信息传输至信息处理系统，信息处理系统分析、管理所接收的信息。

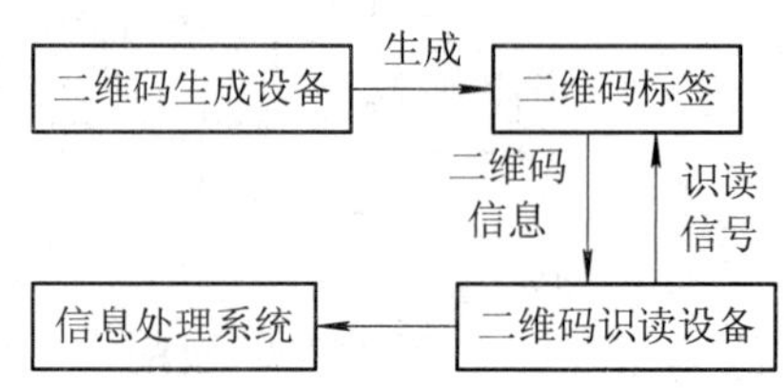

图 2-4　二维码应用系统构成

2. 二维码技术在农业中的应用

在农业领域，二维码主要作为一种信息载体和信息传输接口，用于农产品溯源，以保障农产品质量安全，提高数据查询和共享效率。在农产品生产、流通过程中，各环节依次将农产品生产及流通的相关信息存储至二维码中，生成二维码标签，随农产品流向市场。当农产品最终到达消费者手中时，消费者通过条码识读器扫描二维码，即可查看农产品的原始生产流通信息。

2.5　无线视频监控

无线视频监控将监控技术与无线传输技术相结合，通过无线传输技术来传输图片、视频、声音等信息，解决了传统监控系统布线烦琐的问题，具有技术先进、高效灵活、经济适用等特点，监控系统建设将主要朝着无线化方向发展。

1. 无线视频监控的特点

(1) 成本低。因为采用无线监控方式，不用铺设电缆，所以材料成本和施工成本都有所减少。系统结构相对简单，故障率不高，另外传输网络的维护由网络供应商负责，因此系统维护成本也低。

(2) 实用性强。无线视频监控广泛应用于安全生产监控、交通监控、家庭监控等众多领域，不受实际地形、周边环境影响，减少了监控盲区，扩大了监控范围，具有很强的实用性。

(3) 扩展、移动方便。增加监控点只需要增加前端设备，无需新建传输网络；改变监控点只需要移动前端信息采集设备；用户可以通过移动终端设备获取监控信息，实现异地全天候监控。

(4) 网络信号易受影响。无线视频监控系统优势明显，但是也存在一定的局限性。无线传输网络容易受恶劣天气、建筑物屏蔽等的影响，导致信号强度降低，另外也容易受到其他无线信号的干扰。

2. 无线视频监控系统组成

无线视频监控系统(Wireless Video Monitoring System)由信息采集系统、无线数据传输系统、信息管理系统组成。摄像头是构成信息采集系统的基础设备，其信息采集过程包含摄像、信号转换、信号传输三个环节，每一个环节都能够对系统运行产生直接影响；无线数据传输系统通过 Wi-Fi、4G、5G 或者微波等无线宽带通信传输技术，采用点对点或点对多点形式形成全面网络覆盖，传输监控信息；信息管理系统接收、存储、处理、反馈来自各个采集点的视频、图像等信息，并通过中心服务器向信息采集系统发送指令，控制前端采集设备。

3. 无线远程多节点视频监控系统(PMP+WLAN)

农业领域如果采用点对点的视频监控模式，监控数千亩的大棚或水塘需要铺设大量的电缆，铺设周期长、成本高，且维护难度大；另外还有一种稍先进的监控模式，就是采用 Wi-Fi P2P 传输图像，这需要大量的光纤电缆连线。这些费用开支大、设施要求高的监控模式使农业图像、视频数据的采集受到了极大的限制。

无线远程多节点视频监控系统应用 Mesh WLAN 组网技术，采用无线通信和点对多点无线技术，运用信号频率调制解调技术减少设备之间的无线干扰，实现大范围的无线远程视频监控，大大节省了设备成本，解决了上述两种监控模式存在的问题。用户可以通过手机、平板和笔记本电脑等设备随时查看实时监控信息，系统管理员还能通过平台发送操作指令，从而控制分布在固定区域的节点。无线远程多节点视频监控系统的具体部署方式是：

将能够接入 WLAN 的监控设备(如支持以太网的 IP 摄像头加上 WLAN CPE、支持 WLAN 的 IP 摄像头)布设在 Mesh WLAN 覆盖区域内，采取多点组网方式对 IP 视频信号进行远程监控，再利用 Mesh WLAN 网络将 IP 视频信号传送至网络中心。

网络中心存储监控视频，为所连接的监控终端提供监控数据，因此需要配置多通道硬盘录像机和大容量存储系统。网络中心还配备了无线控制器或集中式网络管理系统，对无线 WLAN 设备进行统一管理。利用电脑等终端设备和可靠的网络连接，可以对监控设备实行远程管理。

无线远程多节点视频监控系统可以实时、直观、详细地对监控信息进行记录，方便相关人员进行管理，该系统主要具有以下特点：

(1) 借助无线网络监控信息传输，突破了因有线网络无法部署而无法实行监控的障碍，使得系统的构建灵活、高效。

(2) 不需要实地布线，使得监控材料、设备安装、设备维护等成本均有所降低。

(3) 图像信息能够通过数字视频监控设备转换成 IP 基础上的视频流，使得局域网、广域网甚至全球通信都可以通过超前的网络技术实现，不管在任何地方，只要有网络接入，管理者就能够进行各类监控操作。数字视频监控设备不仅配有 M-JPG 算法网络摄像头、内置麦克风、云台和红外光灯，还能连接到音频采集设备和远程监控系统，实现双向语音对讲功能。

(4) Mesh WLAN 自组网方式。传统的路由器网络组网环境存在很多缺陷，如大量使用有线电缆，使得铺设、勘探和后期维护成本较高，同时由于使用的 AP 较多，所以难以实现高效统一的管理。Mesh WLAN 方案可以节省 AC 控制器，相比传统技术具有以下优势：不用重复布线，将有线与无线进行一体化设计，如果 Mesh WLAN 网络中 AP 布置的设备出现问题，可将有问题设备用正常 AP 代替，进行实时网络修复。

(5) 采用支持 WLAN 的 IP 摄像机。IP 摄像机能够直接提供 IP 网络接口，采集模拟视频图像并对其进行数字化处理，有些 IP 摄像机还可以连接 Wi-Fi，对于不能连接 Wi-Fi 的 IP 摄像机，则可以通过 WLAN 无线网桥或 CPE 终端设备将无线信号转换为以太网接口，把 IP 摄像机转换成允许无线传输的无线视频前端设备。

2.6 北斗卫星导航系统

北斗卫星导航系统(BeiDou Navigation Satellite System，BDS)是中国自主研发的全球卫星导航系统，它晚于 GPS、GLONASS 出现，三者并列为成熟的卫星导航系统。北斗卫星导航系统在升级的过程中，其服务区域也在逐步拓展，2020 年北斗三号系统投入应用，正式开始在全球范围内提供服务。

北斗系统的基本构成部分是空间段、地面段和用户段，空间段是卫星所在的部分，GEO、IGSO、MEO 三种卫星协调运行，发挥定位导航授时的功能；地面段有主控站、注入站、监测站等地面站以及星间链路运行管理设施；用户段是帮助用户获取服务的部分，由基础产品(如芯片、模块、天线等)、终端设备和应用系统等组成。

北斗系统以“三球交汇”作为定位原理，卫星发射测距信号和包含其位置信息的导航电文，用户接收设备在同一时间获取至少三颗卫星的信号，测量出信号传输距离，利用星历确定卫星的空间坐标，再通过距离交会法解算出用户接收设备的位置。

北斗系统可用于定位、测速和授时，全球范围内定位精度优于 10 m，测速精度优于 0.2 m/s、授时精度优于 20 ns。此外，北斗系统还可提供短报文通信(SMS)、国际搜救(SAR)、星基增强(SBAS)、精密单点定位(PPP)、地基增强(GBAS)等服务。其中短报文通信是北斗系统特有的功能，分为亚太区域短报文通信和全球短报文通信，通过北斗短报文通信服务，即使通信、供电条件被破坏，以卫星信号承载、传输信息也能满足通信、定位需求。

北斗定位导航技术在农业中的应用如下：

(1) 采集农产品产量分布信息。在农业智能装备上安装北斗定位系统和农产品流量传感器，当农业智能设备在田间、牧场或水塘作业时，可以实时获取所在地的经纬度信息，农产品产量也可以在设定的时间段内被流量传感器自动计算出来，结合农田、牧场或水塘区域位置和区域产量数据，即可建立区域产量空间分布图。

(2) 采集农田、牧场或水塘信息。通过在设备上安装北斗定位系统和传感器，在确定具体的地理位置之后，传感器开始检测土壤、水质中的有机质含量、电导率等数据，北斗定位系统感知的地理位置信息与传感器采集的农业环境信息相对应，即可清晰地了解农田、牧场和水塘情况。将北斗定位系统与信息管理系统、传感器技术等结合起来，并应用到现代农业的种植及养殖生产和运输管理中去，可以有效地促进农业生产和管理的高效发展。

(3) 畜禽定位。在畜禽放养过程中，给畜禽佩戴北斗定位项圈，采集其地理坐标，再通过通信网络传输至管理平台，就可以实时观测到畜禽的位置、精确轨迹和活动分布情况，从而提高对移动畜禽的管理能力。利用北斗的短报文通信服务，定位项圈可以实时发送报告，即使在没有通信系统的无人区，项圈仍可以照常工作。

(4) 农业资源规划。北斗系统结合遥感、地理信息系统等技术，常用于采集土地资源、水资源等农业生产所需资源的信息，为农业的生产管理和资源的规划利用提供参考。

(5) 农业机械设备定位导航。利用北斗定位导航技术，收割机等农业机械能够按照规划的路线实现自定位行走，有利于减少农业劳动成本，提高管理效率，从而使管理人员有更多时间来监控农机运行情况，提高农业生产质量和效率。

2.7　遥感技术

遥感(Remote Sensing，RS)技术是一种远距离、非接触式的物体探测、感知技术，通过卫星、飞机等遥感平台和遥感仪器感知与采集目标对象的电磁波信息，经过信息处理分析，反映出目标特征，具有大范围同步观测、受环境限制少、时效性强、综合性强等特点。目前的遥感技术主要有多光谱遥感、高光谱遥感、微波遥感、雷达遥感等。

1. 遥感技术在农业领域的应用

在农业领域，遥感技术主要用于监测农作物长势、土壤墒情及病虫害数据，也可用于估算农作物产量，结合 GPS 和 GIS，还可以系统、客观地收集农情信息，为农事决策提供便利。

(1) 农作物长势监测。农作物长势指农作物生长的现状和趋势。农作物长势遥感监测具有客观、快速、经济的优势，将农作物长势遥感监测与地面监测相结合，前者以各种波段的数学组合形成植被指数并估算叶面积指数(Leaf Area Index, LAI)，再利用农学模型，最终获得农作物长势信息。

(2) 土壤墒情监测。土壤墒情能够通过土壤反射率反映出来，一般情况下，土壤含水量与反射率成负相关，因此，可以采用遥感技术获取土壤反射率数据，了解土壤墒情及其变化。常用的土壤墒情遥感监测方法有微波遥感法、土壤热惯量法、物缺水指数法、垂直干旱指数法等。

(3) 农业病虫害监测。农作物感染病虫害后，其内部结构和外部特征都会与正常农作物有所区别，通过遥感监测获取农作物光谱影像，即可辨认出感染了病虫害的农作物。目前，遥感技术在农业病虫害监测方面的应用已较为成熟，可以及时识别病虫害，为病虫害预防和治理作指导，降低除害成本。

(4) 农作物产量估算。遥感技术监测农作物长势，进而估算农作物产量，省时省力，误差较小。提取遥感影像中的植被指数信息，通过比值分析找出其与农作物产量之间的联系，从而建立产量估算模型。获取农作物多个生长期的植被指数，结合实际测量产量建立多种线型模型，以最终实际测量产量为依据对估算模型进行分析、优化，可以进一步提高农作物产量估算的准确性。

(5) 农业资源监测。通过遥感技术监测耕地、草地等农业资源的数量和质量分异规律，精细划分植被与土壤，可以判断农业用地是否合理，为农业资源规划和农业生产整治提供科学依据。将同一区域不同时期的农业资源遥感影像叠加对比，可以了解该区域的资源变化情况，检测是否存在农业资源过度利用的现象，以便及时采取治理措施。与常规地面勘测相比，农业资源遥感监测节约了大量人力与物力，经济效益显著。

2. 遥感技术农业应用存在的问题

(1) 受农业遥感技术性能的影响，农业遥感监测获取的数据可能存在误差，数据分类、识别、解译、反演过程也可能会产生误差。为了提高农业遥感数据的精确度，应尽量采用多源遥感(Multi-source Remote Sensing)技术获取农业目标的多种遥感影像数据。

(2) 农作物的类型、生长状况以及分布情况，还有遥感监测成像条件等都会对农业遥感影像产生一定程度的影响，出现“异物同谱”“异谱同物”的现象，给数据分析和地物识别造成不便。

(3) 仍需加强对农作物类型识别模型、产量预测模型的定量研究，加强农业遥感与人工智能、数据挖掘等技术的结合应用，提升农业遥感技术的整体性能。

第3章　物联网农业信息传输

3.1 无线传感器网络

无线传感器网络是一种分布式传感网络，集传感器、微机电系统、嵌入式计算、无线通信、分布式信息处理等技术于一体，它实际上是由传感器节点自行组建的网络，用来传输传感器采集的信息。

1. 无线传感器网络拓扑结构

无线传感器网络由传感器节点(Sensor Node)、汇聚节点(Sink Node)和任务管理节点(Task Manage Node)构成，其拓扑结构如图 3-1 所示。

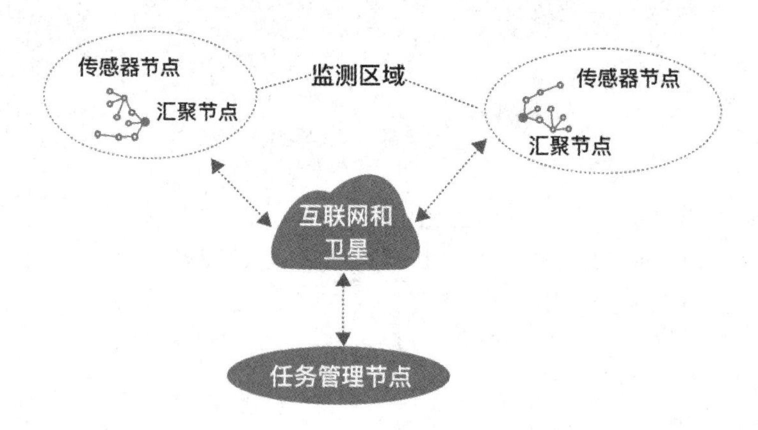

图 3-1　无线传感器的网络拓扑结构

传感器节点可以看作是由传感、处理、通信、供能四个单元构成的小型嵌入式系统，可以完成较浅层次的信息存储、处理和传输任务，既是采集信息的终端，又是融合信息的路由器。

汇聚节点介于传感器网络和外部网络之间，主要作用是转换通信协议和传输信息，其中包括任务管理节点发布的指令信息。该节点可以被看作是传感器节点或是带有无线通信接口的网关。

任务管理节点的功能在于网络配置和管理，同时下达监测指令，接收传感器采集的数据进行分析处理。

2. 无线传感器网络的特点

(1) 规模大。监测农业生产信息通常会使用较多的传感器，用于在减少监测盲区的同时提高数据采集的准确性。

(2) 自组织。无线传感网络节点可以随意放置在监测区域内，各节点自行组网进行数据传输。当有传感器节点出现故障时，未发生故障的一些节点会自行接替完成监测任务。

(3) 易扩展。当某些传感器节点发生故障时，可以接入新的节点对其进行替换，在原

有网络基础上也可以增加新节点，新、旧节点重新组网，不会影响监测系统的正常运行。

(4) 可靠性强。通过无线传感网络可以获取人工无法前往采集的数据，传感器节点对环境的适应性强，不会被轻易破坏，能够实现稳定监测。

(5) 不同类型的传感器功能各异，每一种传感器能够采集的数据类型有限，所以在组建无线传感器网络时，要以实际应用场景为依据加入具备相应功能的传感器，以达到使用的目的。

3. 无线传感器网络在农业中的应用

在农业生产区域放置没有任何连接的环境监测设备采集信息，需要生产人员实地读取数据；定期选取土壤、水及其他要素的样本进行实验室检测，劳动强度大，人力成本高，所得数据的准确率不高，这些都是传统农业监测方式固有的弊端。

而使用传感器采集农业生产现场的温度、光照、风速、降雨量、溶氧、氨氮、PM2.5、氨氮等数据，通过无线传感器网络及有线、无线传输网络将数据传送至数据库进行存储、处理和分析。农业生产人员可以经由移动端或 Web 端实时、大范围、精确监测农业生产环境，精准控制各项指标，为农作物生长提供良好的环境。图 3-2 显示了无线传感器网络的数据采集与传输流程。

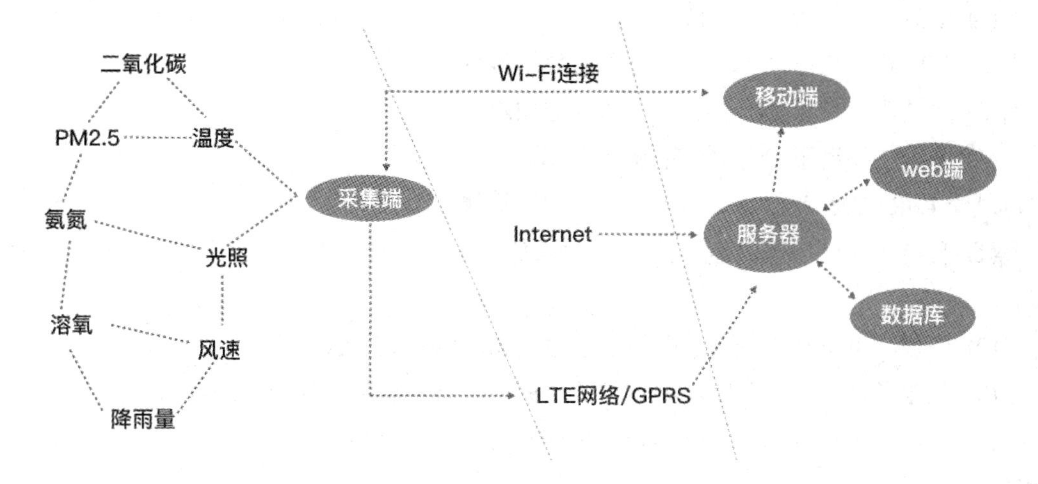

图 3-2 无线传感器网络的数据采集与传输流程

3.2 NB-IoT

NB-IoT(窄带物联网)是物联网领域的新兴技术，是移动通信网络的主要应用之一。作为低功耗广域网通信技术的一种，NB-IoT 具备五大优势，分别是：

(1) 部署方式灵活。NB-IoT 的部署方式分为独立部署、保护带部署和带内部署三种，不同部署方式之间的频谱、带宽、时延、容量、兼容性等有所差别。

(2) 覆盖能力强。相比于宽带 LTE 网络，NB-IoT 的覆盖能力增强了约 20 dB。

(3) 功耗低。在需要使用电池供电的情况下，NB-IoT 能大大延长设备的续航时长，甚至可让电池使用寿命长达 10 年之久。

(4) 海量连接。保持相同的基站覆盖条件，与 4G 相比，NB-IoT 的容量提升接近 100 倍，能够满足大量设备的联网需求。

(5) 低成本。NB-IoT 的功耗、带宽、速率都比较低，因此芯片设计相对简单，且其不需要另行建立运营商网络，RF 和天线均可再利用，由此实现了低成本。

NB-IoT 作为宽带通信技术的补充，由于成本低、功耗小、传输距离长，以及可以在不宜安装维护地区长时间供电等特点，已成为智慧农业领域的技术热点，可应用在畜牧业、林业、渔业、种植业等众多领域。

3.3 LoRa

LoRa 是一种基于线性扩频技术的低功耗长距离无线通信技术，主要在 433 MHz、470 MHz、868 MHz、915 MHz 等非授权频段运行。LoRa 网络由智能终端、网关、云服务器、应用服务器构成，其优势包括：

(1) 信息收发灵敏，功耗低。

(2) 传输距离长，可实现几十公里的数据传输。

(3) 系统容量大且可扩展，允许随意增加网关。

(4) 系统支持测距和定位，不需要 GPS 或北斗定位。

基于 LoRa 的农业信息采集系统包含四大模块：

(1) 智能终端。包含传感器及 LoRa 通信模块，传感器采集的数据通过 LoRa 通信模块传输至网关。

(2) 网关。可将来自智能终端的信息通过物联网传送到云服务器上。

(3) 云服务器。自动存储网关传送的数据，并将信息传递到应用服务器中。

(4) 应用服务器(Web、APP 等)。可查找并显示传感器采集的信息，触发设备依据实际情况自动运行。

3.4 ZigBee

ZigBee 是一种短距离双向无线通信技术，主要工作在 868 MHz(欧洲标准)、902～928 MHz(北美标准)、2.4 GHz(全球标准)频段，具有传输距离短、传输速率低、功耗低、成本低、安全性高等特点，多应用在工业控制、农业自动化、医用设备控制等领域。在数据采集网点多、数据量较少、设备体积较小、成本预算较低等情况下，通常会选用 ZigBee 进行通信。

ZigBee 网络由协调器、路由器、终端构建而成。协调器作为核心节点具有组建与协调网络的作用，统一将信息经由串口发送至上位机；路由器是中继设备，连接了协调器和终端，主要功能是转发信息、确定路由路径；终端节点是执行任务的节点，负责接收和发送数据。

ZigBee 的农业应用场景日渐丰富，ZigBee 网络可以汇聚传感设备采集的农业数据并向外传递。例如，将 ZigBee 用于发展智慧种植，ZigBee 网络结合其他无线通信网络能够将来自传感器的农业信息发送到终端控制系统，系统对数据进行处理分析后，以数据处理结果为依据远程控制环境调节设备，调节种植环境；在农业灌溉方面，为了提高水资源利用率和灌溉的灵活性，可以结合 ZigBee 建立物联网灌溉系统。ZigBee 网络传输传感器采集的土壤墒情数据，系统对这些数据进行分类处理，并以此为参照合理控制农业灌溉。

3.5　4G LTE Cat.1、Cat.4

“Cat.X”指的是 4G LTE UE-Category。4G LTE 里定义了服务质量(QoS)的等级，Cat 后面的数字即代表不同的种类，3GPP 将不同种类的网络用“Cat.X”格式命名。按照终端通信速率进行划分，采用“Cat.X”来标识设备的无线性能等级，根据终端通信速率来划分。根据 3GPP Release 的定义，各种 UE-Category 和所支持速率的对应关系如表 3-1 所示。

表 3-1　UE-Category 和所支持速率的对应关系

UE-Category	最大上行速率/(Mb/s)	最大下行速率/(Mb/s)	3GPP Release
Category0	1.0	1.0	Release12
Category1	5.2	10.3	Release8
Category2	25.5	51.0	Release8
Category3	51.0	102.0	Release8
Category4	51.0	150.8	Release8
Category5	75.4	299.6	Release8
Category6	51.0	301.5	Release10
Category7	102.0	301.5	Release10
Category8	1497.8	2998.6	Release10
Category9	51.0	452.2	Release11
Category10	102.0	452.2	Release11
Category11	51.0	603.0	Release12
Category12	102.0	603.0	Release12
Category13	51.0	391.6	Release12
Category14	102.0	391.6	Release12
Category15	1497.8	3916.6	Release12

在蜂窝移动物联网应用场景中，蜂窝移动物联网连接分布比例大概为 1∶3∶6，“高速率”应用场景只占 10%，“中速率”应用场景占 30%，“低速率”应用场景占比达 60%，具体来说，NB-IoT、4G LTE、5G 将分别用于满足以上三种应用场景的数据传输需求。

相比以上宽窄带无线通信技术，具有较大成本和性价比优势的 LTE Cat.1 和 Cat.4 都能够满足 LTE 连接的物联网中速率场景的应用需求，但对于注重成本和功耗的农业行业来说，Cat.1 往往更为适合。如商务平台、金融支付、设备控制等农业物联网行业，相比于提高网络速率，它们更注重降低成本和提升网络稳定性，如果采用 Cat.4 进行传输会造成极大的带宽浪费，并且目前主流的 Cat.4 技术在功耗和价格方面都与农业行业的要求不相符合。而 Cat.1 的最大上行、下行速率分别是 5 Mb/s 和 10 Mb/s，同样具备中速率场景的连接条件，且对功耗及成本的要求低于 Cat.4，所以更适用于农业行业。可以说，Cat.1 是中低速物联网场景连接的主要应用技术。

根据 2020 年工信部发布的《关于深入推进移动物联网全面发展的通知》，推动 NB-IoT、4G(含 LTE-Cat.1)、5G 协同发展，以 NB-IoT、LTE-Cat.1、5G 满足各场景的连接需求，是推动移动物联网全面发展的必要举措。Cat.1 还处在初步商用阶段，已明确应用的场景和案例还相对较少，目前主要应用在共享经济、金融支付、工业控制、公网对讲等领域。要提高 Cat.1 的商用推广能力，使其广泛应用于物联网市场，还需要有效控制 Cat.1 模组的成本。

目前，一种新型的 Cat.1 联网通信模组已上市，有 AT 指令、OpenCPU、透传三种版本，该模组传输速度快，延时低，尺寸小，还支持北斗/GPS 定位，应用场景丰富。在农业应用领域，使用该 Cat.1 模组可以将传感器获取的农业环境数据通过 LTE4G 网络高效地发送到数据中心，从而实现对农业环境的监测；由于该 Cat.1 模组支持北斗/GPS 定位，所以在农产品运输过程中，可以将其用于运输车辆定位和数据传输，以便对运输车辆进行管理。

随着新基建启动，未来将由 NB-IoT、LoRa、4G(包括 Cat.1 和 Cat.4)、5G 共同承载蜂窝物联网的连接，以应对不同层次的物联网业务需求。

3.6 现代农业移动通信技术：4G、5G

3.6.1 4G

4G 即第四代移动通信技术，进一步发展了 3G 技术与无线局域网技术的优点。这一基于 OFDM(正交频分复用技术)的网络体系，拥有远超 3G 网络的通信质量、效率与容量，理论上最高速度可达 100 Mb/s，上传和下载的带宽可达 50 Mb/s 和 100 Mb/s，能够传

输高质量的图像、音频、视频等文件，满足绝大多数的通信需求。4G 的工作能量巨大，它有着更具针对性的通信接口系统，采用 MIMO 技术增加容量，提高环境适应性，建立起无线通信技术和无线局域网之间的漫游通路，并通过物理网络层(接入选择)、中间环境层(网络管理)、应用网络层(服务应用)三重网络架构，提供多系统交互通信的信息处理业务。

综合来看，4G 的信息传输的能力更强，各网络通信系统的切换更为便利；4G 通信方式的兼容度更高，频谱更宽，能够兼容 2G 及 3G 通信系统、卫星通信系统、蓝牙(Blue Tooth)与 WLAN 接入系统等网络移动通信系统；4G 的通信环境更为安全、灵活，保密更好，抗干扰更强，网络信号更稳定。可以说，4G 的出现和发展，为众网合一的“云时代”的到来提供了坚实的技术基础。

在农业应用领域，4G 实现了无线上网、视频通话及手机电视等功能，使农业信息技术服务更加便捷；4G 与信息采集设备相连，由于其具有高带宽的优点，可以更加快捷、稳定地传输田间采集到的海量农业数据。农业信息是进行农业生产决策必不可少的资源，总的来说，4G 技术为农业发展提供了高效、持续的驱动力，提高了农业信息化水平。

3.6.2　5G

1. 5G

5G 即第五代移动通信技术，在数字化、智能化趋势日益明显的社会发展形势下，5G 的发展同样受到了很高的关注。作为数据承载通道，5G 的突出优势体现在传输速率和覆盖率方面，具有峰值速率高、时延低、网络容量大、频谱效率高、流量密度大、系统协同化水平高等特点，依托这些优势，5G 能给用户带来更加良好的操作体验。

5G 定义了三大业务场景：eMBB(Enhanced Mobile Broadband)，即增强移动宽带，从网络覆盖率和传输速率入手，满足用户的极致通信体验需求；mMTC(Massive Machine Type Communication)，即大规模机器通信，设备连接容量大，在物联网领域发挥巨大作用；uRLLC(Ultra Reliable & Low Latency Communication)，即超低时延高可靠通信，可广泛应用于自动化、远程操控等领域。

5G 采用的关键技术包括 MIMO 技术、滤波组多载波技术、新型多址技术和超密集组网技术。采用 MIMO 技术，在移动终端位置增加天线安设数量，使无线频谱利用率得以提升；滤波组多载波技术能根据不同的场景需求，选择适宜的波形函数调制发射数据，降低了载波之间的干扰；新型多址技术将多用户信息进行叠加传输，接收时再进行分离，可提供更高的频谱效率，增加了可连接用户数量，时延也有所降低；超密集组网技术使 5G 具备了流量密度高、峰值速率高的特点，可以满足网络容量大幅增长的需求。

5G 商用在 2019 年正式启动，根据工信部数据，在 5G 商用的这一年多时间里，我国启用了 60 多万座 5G 基站，终端连接数多于 1.5 亿。同年，为提高 5G 网络覆盖率和频率，优化用户体验，中国联通与中国电信形成了 5G 网络共建共享合作模式。资本投入、基站建设和终端普及满足了 5G 应用的前提条件，在合理范围内增加运营商投入、增加 5G 基站建设量、扩大 5G 用户普及量是推进 5G 应用的重要举措。目前，5G 与各行各业的产业融合速度在不断加快，5G 应用合作领域涉及了传统行业和新兴行业，覆盖交通、教育、生态、制造、文旅、医疗、媒体、车联网等垂直行业。5G 的应用能促进医疗、零售、制造等传统行业转型升级，提升行业生产效率，赋予其新的行业价值，同时也为工业互联网、车联网、VR/AR 等新兴行业创造了更多的发展可能性。

网络、运营、整合能力协同应用是推进 5G 行业发展的重要前提。在 5G 网络能力方面，5G 标准第二版规范 R16 冻结，增强了 5G 的功能，提高了 5G 为行业应用服务的能力。TDD 和 FDD 频谱协同使用使 5G 具备了更强的数据传输能力。5G 专网和公网的共同发展扩大了其行业应用范围；5G 运营能力的完善依赖于运营商和相关企业的密切合作，其应用发展带来数据量的大幅增加，网络及业务管理的复杂度也随之提升，需要有强大的运营能力作为支撑；在整合能力方面，5G 正与人工智能、物联网、云计算、大数据等技术相互融合，5G 的网络连接及传输能力将为新技术平台的建立提供有力支持，从而推动 5G 向各行各业的渗透进程，从应用试点向产业链建设稳步迈进。

作为新基建的重要组成部分，5G 建设有利于驱动经济数字化转型。因此，在 5G 建设过程中，应促进其与物联网、云计算、人工智能等技术融合，拓宽其应用范围，推动更多行业产业发展数字经济，在此基础上，5G 建设也将由规模导向向需求导向转变。

2. 5G 农业应用

农业生产过程涉及众多环节，包括生产资料投入、生产、加工、流通、销售等，与众多农业经营主体相关。在数字农业发展过程中，物联网、传感器、3S、云计算、大数据、人工智能等技术发挥了至关重要的作用。5G 作为最新一代蜂窝移动通信技术，将高数据速率、高系统容量、低时延、低耗能、低成本作为信能目标，与农业领域的关键技术相融合是 5G 农业应用开发的先决条件，这也将推动农业行业进行变革，探寻新的商业模式，提高市场占有率。

在农业方面，可以将 5G 应用在数据传输、设备控制、平台搭建、服务提供、数字乡村建设等过程中，从而为农业数字化、智慧化创造巨大驱动力，其成果主要体现在精准筛选农业生产资料、优化生产及产品流通过程、改变大众消费习惯等方面。

(1) 5G 与农业物联网。农业物联网利用感知设备采集农业信息，再通过无线通信网络将信息传输至云计算平台，经分析、处理后为农业生产、经营提供各类数据支持。依托 5G 技术的高带宽、低时延及大容量连接能力，农业物联网的设备容纳能力、数据传输速率和准确性都会明显提高，从而更好地满足智慧种植、智慧养殖等新农业发展重点领域的需求。

(2) 5G 与农业大数据。农业大数据为农业的数字化、智能化应用提供支持，5G 作用于数据从感知设备到云平台的汇聚和共享的全过程，使农业数据体系多元化、便捷化，扩大了农业数据的可应用范围；利用 5G 和大数据技术建立大数据平台，能够直观、便捷地掌握农业数据来源地的情况，实现实时、可视化监管；将 5G 技术应用于农产品市场信息平台，可丰富平台信息内容，为用户提供更大容量的市场信息和更多元的服务；以大量数据作为基础，5G 网络的发展可推动农产品溯源体系建设，保障消费安全；此外，5G 也可作用于农业人工智能、农业保险等对大数据、数据整合和共享有较高要求的领域。

(3) 5G 与农机自动作业。农机自动作业依赖于导航和控制技术，而这两项技术都要求较高的数据传输效率，以获取实时环境信息，从而作出相应判断和控制。农业机器人凭借信息感知和行动能力服务于农业生产，5G 可容纳更多数量的机器人接入，同时提高机器人接收系统指令的速度和精确度，提高自动化作业水平。

(4) 5G 与农业无人机。农业无人机具有机动灵活、作业精准度和安全性高等特点，能够克服地形条件复杂的问题，服务于农业生产。5G 技术的应用能够让无人机具备低时延控制、实时高效传输超高清图片的能力，支持无人机在云端完成智能计算，处理传感器数据和视频数据，减少机体负担，提高作业效率和可靠性；利用 5G 实时传输农业无人机产生的数据，即可在运营管理平台对无人机进行实时监控。

(5) 5G 与农产品溯源。利用物联网、无线通信、数据库、电子标签、GPS 定位、二维码等技术追溯农产品质量安全信息，可以维护消费者对农产品信息的知情权，规范企业农业生产经营活动，方便政府对农产品的质量安全进行监督管理。追溯过程产生大量数据，由于受传统无线通信技术的限制，数据实时传输存在困难，以 5G 作为数据传输的媒介能够对数据进行高速率、低时延的传输，从而提高追溯效率。

(6) 5G 与农事服务。农事服务体系建设覆盖农产品生产、管理、销售等环节，通过 5G 可以更加快捷地获取农业生产各环节信息，农业部门在此基础上向农户提供生产建议，在线开展农技教育推广活动；随着 5G 不断发展，乡村网络服务水平也会随之提升，在此基础上开发农业农村展示平台和应用，可以推动数字乡村建设，有助于实现乡村振兴。

3. 5G 发展存在的问题

(1) 5G 产业投入与产出平衡难度大。因成本高、功耗大等缺陷，建设 5G 基础设施需要投入大量的资金和设备。根据 5G 产业数据中心统计，考虑运维、电费等消耗，建设一个 5G 基站的耗电和建设成本比 4G 均高出 3～4 倍，国家和运营商共同投入，也难以长期负担如此巨额的建设成本。另一方面，5G 应用未成规模和 5G 生态链未形成，应用收益少，成本投入与产出之间难以平衡。投入大、投资周期长等特点决定了 5G 产业发展是一个漫长的过程，且需要反复、持续的投入。

(2) 5G 核心研发技术积累薄弱。目前 5G 农业核心技术自主研发、创新能力不足，相关人才缺乏。5G 驱动农业产业发展对技术融合的要求高，作为最新的网络通信技术，目前主要应用仅局限于大型农业项目，多是一些局部性、实验性的应用，结果产出的不确定性大，完善 5G 农业产业应用任重道远。

(3) 5G 推动农业相关产业发展将催生很多新商业模式。5G 农业行业应用场景需考量的因素复杂，5G 农业物联网需形成明晰的应用合作模式和商业模式，需考虑经济性、兼容性、安全性、稳定性等因素。

第4章　物联网农业信息处理

物联网采集的农业信息具有海量性、异构性和不确定性，因此必须经过处理才能应用。农业信息处理指的是对农业信息进行整合、存储、检索、加工、分析、变换和传输，从原始数据中处理得出有用的信息。大数据、云计算、地理信息系统、神经网络、图像处理、图像识别、专家系统等技术在农业信息处理过程中发挥了重要作用。

4.1 大数据与云计算

大数据和云计算对于发展农业物联网至关重要。物联网通过物物相连实现信息采集和决策应用，大数据为农业决策提供参考，云计算提供数据计算服务。感知设备采集的海量农业信息，传输到大数据分析平台，经云计算技术分析整合，反映出农业生产的实时状态，形成科学的农业生产方案，再应用于依托物联网技术的农业生产过程。

4.1.1 农业大数据简介

1. 大数据的概念

在各行各业的数据大规模增长的情况下，大数据这一概念出现了。大数据指的是规模巨大、形式多样化、蕴含着巨大应用价值、用常规方法难以处理的数据集合，其特征包括：

(1) 规模性(Volume)：数据量大，常以 PB、EB、ZB 等作为计量单位。

(2) 高速性(Velocity)：数据增长和处理的速度快。

(3) 多样性(Variety)：数据来源多且类型多样。

(4) 价值性(Value)：在海量数据中实际可利用的数据只有一小部分。

大数据的类型可以分为：

(1) 结构化数据。结构化数据(如财务系统数据、医疗系统数据等)也叫作行数据，通常以数据库为存储载体，用二维表表示逻辑结构，数据之间的关联性较强。

(2) 非结构化数据。非结构化数据的结构多样，日志、视频、图片等都属于该类型。分析非结构化数据的难度较大，这也是大数据应用的难点之一。

(3) 半结构化数据。该类型数据的结构化特征不明显，可以被结构化存储，如 HTML 文档、网页、邮件等。

2. 大数据分析平台

大数据分析平台是用于数据采集、转换、存储及分析的平台。为适应数据增长及其横向可扩展性需求，还需要再建立大数据基础支撑平台，包含 Hadoop 平台和图数据库。大数据基础支撑平台部署过程包括 Hadoop 集群部署、参数调优、测试等环节，其中参数调优是提升大数据分析平台计算能力的有效方式，有利于保障大数据分析平台的稳定性。大

数据分析平台最突出的功能体现在数据信息处理方面，从文档、图片、视频等数据资源中提取有效信息,通过设定算法和计算模型进行运算处理，挖掘数据特征，并找出存在问题的环节，所得结果被传送到应用终端，提供智能管理服务。

3. 大数据的分析与管理

(1) 数据挖掘。数据挖掘的主要目的是通过关联分析、时序分析等各种算法搜索、筛选、汇集有效信息进行深度研究和概括，帮助决策者做出正确决策。在数据挖掘处理过程中建立的洞察模型、预测模型、风险模型、服务模型、决策模型等业务规则模型可以为用户做出判断和采取行动提供依据。

(2) 数据分析管理。数据分析管理模块对采集到的主要信息进行统计分析，按日/周/月/年自动定期生成可视化数据分析报表，可以按时间段或按区域进行查看，也可以与历史数据进行比对。农业数据分析管理模块主要包括农业土壤墒情数据分析、农业投融贷金融数据分析、农业市场销售数据分析、农业部件数据分析、农业灾害隐患事件数据分析、农业重点数据分析、农业服务需求数据分析和农业国内国际合作数据分析。

(3) 数据标准体系。目前，智慧农业数据标准体系尚未形成，各项标准的制定与实施还需要一定的时间，该标准涵盖了很多方面，包括业务、技术、流程等。数据分析平台中的通用数据主要是系统内置的农业统计局数据(农产品价格指数、农业服务、农业公共信息管理等)，这些数据内置在数据分析平台中作为公共数据来调用，参与数据的进一步分析挖掘。

(4) 多维自助分析平台。平台支持在已知的数据结果上进行二次分析，深入挖掘数据价值，将数据分析结果进行可视化展示，以便及时深入掌握农业基础公共服务的情况，为智慧农业基础公共服务政策的制定、资源规划、计划实施及其监管提供支撑，同时为农业决策者提供分析和管理上的帮助。农业物联网数据分析是在收集网络数据、网格数据的基础上，采用网络爬虫技术，创建专题数据库，通过算法模型分析、处理农业数据。农业物联网数据分析项目涉及数据的采集、管理、质量提升、开放运营和风控等领域，为农业用户提供数据采集、数据清洗融合、农业数据资产管理、数据挖掘分析和数据应用等服务。

4. 农业大数据应用

农业大数据包含农业设施、生产环境、生产过程、金融管理、保险服务、市场形势等多个方面的信息，农户及农业企业、政府部门、金融机构等都参与了这些数据的产生过程。农业大数据是大数据在农业领域的应用，可以辅助解决农业数据处理、环境监测、设备控制、农业融资、农业保险、农情预测等方面的问题。

(1) 农业生产管理。建立农业信息数据库系统，利用物联网设备采集农业生产环境、农作物及畜禽等的生长状态、疾病管理等数据，将这些数据统一存储至数据库系统中，积累生产经验，同时为农业生产管理提供数据资料。在大数据研究基础上进行农业生产，可以减少因生产管理不善带来的损失，保证农产品质量，提高经济效益。

(2) 农业资源与生产资料管理。对土地、水等农业资源实行数字化监测与评估，在此基础上合理开发利用资源，推动农业可持续发展；掌握生产资料数据，对农药、疫苗、饲料、肥料、农机等生产资料进行优化配置。

(3) 农业疫病诊断与农业专家系统。结合农业大数据，利用云计算、图像处理等技术对数据进行处理，可以了解农产品的生长状况、健康状态和营养水平；当农业疫病发生时，根据农产品生长图像信息可以判断疫病类型；结合大数据和人工智能技术开发农业专家系统，能够给生产人员提供实时、便捷的咨询服务，生产人员可以在专家系统中匹配合适的问题解决方案。

(4) 市场行情预测。通过收集、处理农业消费市场的数据，可以了解与农产品供需状况、价格变动等相关的信息，掌握农产品市场的发展态势，预测市场走向，为农业生产者调节生产提供参考。大数据结合新的电子商业模式，通过收集用户购买信息，分析用户购买农产品的喜好、习惯、重视因素及消费承受范围，预测用户的潜在需要，从而进行精准销售，促进生产与消费的紧密结合。

(5) 农业生产效益分析。农业生产效益受生产成本、出产量、市场行情等多种因素影响，农业大数据平台可以对农业生产所需的人力成本、化肥或饲料使用等进行精细计算，如每亩农作物的化肥消耗量、产出一千克肉品所投入的成本等，结合农业总产量、市场变化等数据，可以评估年出产量和成本投入量，分析得出农业生产效益。

(6) 农业监管。建设地方农业大数据平台，统一存储当地农业生产规模、疫病防治动态、农产品交易、市场价格趋势等信息，为监管部门监管农业生产提供便利。

(7) 农业环境保护。动态监测与农业有关的环境要素，利用大数据分析农业用地生态承载力的变化，在此基础上合理控制农业生产规模，维护农业生产与资源修复之间的平衡，有利于促进农业生产可持续发展。

(8) 农业电商平台建设。利用大数据建立农业信息网站，提供与各地农业生产、农产品供求相关的信息，让消费者自主评估农产品优劣，从而推动建设农业电商平台。买卖双方在网上达成交易，进一步扫除消费盲区，扩大市场占有率，满足各地消费者对农产品的需求。

(9) 农业经营主体信用评估。金融服务对于扩大农业生产规模至关重要，信用评估不到位是阻碍农业金融服务发展不可忽视的因素。利用农业经营主体的生产和交易数据，建立信用评估体系，形成完整的信用档案，可以为农业融资、农业投保提供信用资本支持。

(10) 农业技术创新资源共享。广泛收集各个农业区位的遥感数据以及基因图谱、动植物疾病防治药物研发等农业实验数据，可以建立农业科教推广与服务平台。集合各方农业创新成果，推动农业科技创新资源的共享及创新成果的落地与推广，开展农业科学教育，丰富农民的农业科技知识。

4.1.2　农业云计算

1. 云计算的概念

云计算实质上是一种分布式计算技术，它通过分解数据处理需求、分布数据处理任务来提高计算效率。计算资源集中在农业共享资源池内，资源池具有可动态伸缩、弹性调配资源的特性，可以灵活适应农业业务变化，快速响应业务需求，由此衍生出一种“按需取用、按量付费”的商业模式。

云计算的特点包括：

(1) 云计算平台规模大，服务器数量多，农业龙头企业私有云所连接的服务器数量也能达到一定规模。

(2) 云计算是一种虚拟的网络资源，只需通过网络来获得，其计算功能通用于各种应用。农业用户通过网络能够不受地点限制、使用任何农业终端、在各种应用上获取云计算的服务，且可以根据具体的应用场景与模式，调整云计算的规模与级别，满足农业需求。农业用户还可以根据自己的需求订制与购买相应的资源，因此诞生了不同的农业云计算方案。

(3) 云计算对数据的集中自动管理与能够在各种应用中处理数据的特点，使得农业用户能够免去数据管理与开发的成本，提高资源利用与任务完成的效率，使农业企业降本增效。

基于以上特点，云计算能为用户提供高效的数据存储、计算与分析服务，其主要通过不同的部署模型来满足多样化的需求。云计算的三种部署模型分别是：

(1) 公有云(Public Cloud)。公有云由第三方搭建，向用户提供服务时需要收取相应的费用。使用者无法控制公有云的基础结构，因此公有云的安全性需要从法律法规的层面来保障。

(2) 私有云(Private Cloud)。私有云通常是企业自行搭建的，由企业进行建设和管理，不对外开放。虽然安全性较高，但其持续的运营成本可能会超过公有云。

(3) 混合云(Hybrid Cloud)。混合云集合了公有云的计算、存储优势和私有云的安全优势，内外运营相结合，但其成本比公有云高，隐秘性不如私有云，且操作起来更为复杂。

按照云计算所提供服务的具体内容划分，其服务模式被分为以下三种：

1) 基础设施即服务(Infrastructure as a Service，IaaS)

基础设施如硬件设备、操作系统、服务器、存储系统等由云服务供应商提供，用户可以自行部署和运行这些基础设施，按照资源使用量向云服务供应商付费。

IaaS 的优势体现在以下方面：

从农业用户利用的角度讲，IaaS 平台提供基础设施服务，农业用户不必再购置硬件以减少开支；IaaS 服务按实际使用量计费，农业用户可以结合使用费用调节需求，控制成

本；农业用户不必进行设施维护，能够提高开发效率。

从 IaaS 本身的特点来讲，其灵活性强，能够快速给农业用户提供与需求相匹配的计算资源；可支持的应用范围广泛，使用各类操作系统的农业用户都能够运行 IaaS 所提供的资源。

2) 平台即服务(Platform as a Service，PaaS)

云服务供应商创建程序开发平台供用户使用，农业用户可利用平台中的资源来开发、部署和测试自己想要的应用程序。PaaS 主要具有以下特点：

(1) PaaS 提供的是基础平台而不是应用，PaaS 由专业的平台服务供应商搭建并运行，不仅具备 IaaS 形式所提供的基础架构，还包括了业务功能的开发运营环境，这些全都作为服务提供给农业用户。

(2) PaaS 供应商提供开发运营环境。这个开发运营环境包括平台基础、平台维护，甚至是针对进一步优化与开发所需要的技术支持。PaaS 供应商对运营的底层平台非常了解，所以往往可以对应用程序的改进及优化提出很多建议，其加入有利于新应用系统的长期稳定运行。

(3) PaaS 供应商具备稳固而强健的专业技术团队及扎实的运营平台，能够保证相应应用程序(来自 SaaS 或其他软件服务供应商)始终处于一致的运行状态。

PaaS 其实就是把有商业价值的服务平台传送给第三方，把农业物联网的资源当成能够编程的接口服务。农业云计算应用可通过 PaaS 平台获取许多特制业务的逻辑可编程元素，减少开发成本，提高效率。Web 应用程序开发在 PaaS 平台的作用下变得更加快捷。

3) 软件即服务(Software as a Service，SaaS)

云服务供应商提供云计算基础设施上的应用程序，农业用户可以根据自己的需要向供应商订购应用软件服务，不用自行构建与维护应用程序。

在这种模式下，SaaS 系统给农业用户带来技术、资金和管理三方面的便利。农业用户使用软件，不需要专门的技术开发人员，无需购买带宽、软件系统及硬件服务器，只需要简单注册与支付一定使用时间的费用，即可获得适合的解决方案。农业用户还拥有对软件进行升级的权利，且不需要对软件进行维护和管理，这从一定程度上减少了人力、物力消耗，当农业业务规模缩小时，也不会被多余的基础设施及资源困扰。另外，与农业用户本地部署相比，SaaS 在防止数据丢失、泄露等方面的可靠性更高。SaaS 与大数据、人工智能等技术进行创造性融合，也将会帮助农业用户进一步提高生产效率、降低成本、创造效益。

2. 农业物联网云平台

构建农业物联网体系必将产生大量需要处理的数据，将云计算运用到农业物联网的传输层与应用层中，建立农业物联网云平台，可以提供数据的云存储、集成和分析以及数据挖掘等服务，极大地提高了数据处理效率。

农业物联网与云计算主要有三种结合方式：

(1) 单中心，多终端。云计算中心以私有云为主，农业物联网终端数量相对较少，所有数据的存储、处理服务由云计算中心统一提供。

(2) 多中心，大量终端。云计算中心内公有云和私有云并存，部分数据信息实时共享给终端用户，机密信息也可进行保密性传递。需要处理大量业务的大型农业企业多采用这种模式。

(3) 信息、应用分层处理，海量终端。根据用户对信息处理、安全性能及使用场景的具体要求，灵活调整云中心的配置，分类处理不同的数据信息并反馈给相应终端。

3. 农业物联网云平台的应用场景

(1) 农业生产管理。农业信息化必然伴随着各类型数据的大量增长，如文字、图片、视频等，云计算可以满足对这些数据的处理及存储需求，弥补人工及常规软件信息处理的不足，降低数据丢失的风险；将云计算和物联网相结合，可以实时掌握农业生产信息，及时发现存在的问题，采取相应的处理措施；根据数据分析结果，可以对农业生产变化趋势作出判断，将更多生产因素纳入掌控范围。

(2) 农业信息共享。将农业信息整合上云，相关主体都可以随时通过网络访问云端的信息资源，由此提升资源共享效率；将云平台储存的农业信息用于建设信息搜索引擎，方便用户快速、准确地查找所需信息，并通过信息资源整合及共享利用，解决农业信息资源分布不均及利用率低、相关主体沟通欠缺等问题。

(3) 预测农产品市场走向。利用云计算、数据挖掘、智能预测、可视化等技术，可以建设农产品供求信息分析系统，通过分析农产品种类及供求量、产品价格等市场信息，预测市场行情和走向，总结得出影响市场形势的因素，方便生产者及时调整生产经营策略。

(4) 农产品质量追溯。将农产品溯源信息统一存储在云平台进行管理，确保所有产品都能被追溯到生产源头，一旦某一环节出现问题，即可调用该环节的信息，有针对性地追究责任，这对规范农产品市场具有重要意义。

4. 农业物联网云平台的应用优势

(1) 成本优势。云服务供应商将云计算资源转化为产品对外供应，用户购买获得计算、存储、应用等资源，而不用自行搭建平台，大大减少了农业信息化的人力与物力成本。

(2) 推广优势。云计算中心承担数据的存储、分析等业务，并能以清晰易懂的形式展现数据分析结果，便于理解应用；使用云计算服务不要求农业用户具有高水平的信息技术能力，农业用户只需要使用手机等能上网的移动终端，即可获取由云服务供应商提供的服务。

(3) 安全优势。云计算的智能备份、查验纠错、容灾恢复等机制大大提高了系统的安全性能，能够保障农业数据的安全。

4.2 地理信息系统(GIS)

地理信息系统(GIS)主要用来存储和处理地理数据，通过采集、编辑、分析、成图等操作表达空间数据的内涵。GIS 常作为智能化集成系统提供地学知识的基础平台，应用于气象预测、灾害监测、环境保护、资源管理、城乡规划、人口统计等众多领域，对于空间数据标准化维护、数据更新、数据分析与表达和数据共享与交换，以及提高决策和生产效率具有重要意义。随着 Internet 技术的发展和 GIS 应用需求的增加，产生了使用 Internet 和 GIS 共同管理空间数据的技术——WebGIS。

1. GIS 的组成

GIS 由硬件系统、软件系统、空间数据、应用模型、应用人员组成。软、硬件系统是 GIS 运行的基础场景，空间数据是 GIS 的作用对象，应用模型是辅助解决现实问题的工具，应用人员控制系统运行。

(1) 硬件系统。硬件系统是 GIS 物理设备的集合，为 GIS 实现数据传输、存储及处理创造条件。其中，计算机负责对空间数据进行处理、分析和加工，由于 GIS 涉及海量复杂数据的处理，因此对计算机的运算能力和内存容量有较高的要求。数据输入设备的选择视空间数据类型而定，GIS 数据输入所需的设备通常包括通信端口、数字化仪(digitizer)等；数据输出设备是对外展示数据处理结果的工具，包括绘图仪、打印机、显示器等；数据存储设备存储数据，主要有硬盘、光盘、移动存储器等，存储容量是其硬性指标；路由器、交换机等网络设备共同构建系统通信线路。

(2) 软件系统。软件系统维护 GIS 正常运行，其中 GIS 对地理信息的输入和处理都通过计算机系统软件(如操作系统、编译程序、编程语言等)实现。数据输入、管理、分析、输出等则由 GIS 软件(如 Oracle、SQL、Sybase 等数据库软件、图像处理软件等)完成。

(3) 空间数据。空间数据内包含了地理实体的特征，来自不同研究对象和研究范围的不同空间数据都存储在数据库系统中，进行统一分析和管理。

(4) 应用模型。应用模型是 GIS 解决实际问题的关键，构建 GIS 模型(如资源利用合理性模型、人口增长模型、暴雨预测模型等)可以为落实具体应用、解决各类现实问题提供有效工具。

(5) 应用人员。GIS 处于完善的组织环境内才能发挥功能，人的干预也是其中必不可少的部分。系统管理与维护、应用程序开发、数据更新、信息提取等都需要相应人员来完成，其中主要包括系统开发人员和最终用户。

2. GIS 在农业中的应用

GIS 技术具有较强的统计、分析和图像演示功能，目前其在农业方面的应用主要是结合遥感技术和卫星导航技术对大面积的土壤和水质进行监测。物联网技术用于监测和反馈

控制，可以提供大量的数据，所以结合 GIS 技术可以充分发挥物联网的信息分析处理功能，延伸物联网的应用。

利用物联网采集土壤、水质、空气等农业环境的数据，结合 GIS 空间分析功能，可以为农业生产提供信息预测和趋势评估服务，促进农业决策科学化，其应用主要体现在以下几方面：

(1) 通过 GIS 空间分析和建模，可以对所模拟的农业环境及其可能产生的变化作出说明，服务于农业生产。

(2) 使用 GIS 空间插值方法估算指定区域土壤的养分分布，分析其变化的状况，探究其分布形态及变化产生的原因，在此基础上对土壤机能进行调节，以适应农作物的生长需要。

(3) GIS 叠置分析方法可以分析病虫害产生条件、危害程度、变化规律等，为有效、可持续控制病虫害提供依据。

(4) 在农作物产值预估方面，构建 GIS 应用模型，分析农作物生长潜力，对产值进行合理预估。

(5) 在农业土地适宜性评价方面，利用 GIS 可以整合土地的位置和自然属性(如土壤类型、有机质含量等)信息，分析得出合理的土地利用方式，以便因地制宜地种植农作物。

(6) GIS 可以应用于查询农业资源地理分布信息，包括农业生产用地范围、生产设备位置、农资供应企业分布情况、农业管理部门所在位置等，结合具体介绍和相应图片，很大程度上简化了农业资源查询流程。

(7) 开发基于 GIS 的追溯管理系统，上传农产品的标识码，标记流通产品及运输车辆的地理位置，记录相应时间点，实时监控车辆行驶轨迹。

4.3　人工智能应用

人工智能是计算机、控制学、信息论、数学、心理学等多学科交叉渗透而产生的综合科学，因其自身的独特优势，在现代社会中变得越来越重要，其应用可见于家居、交通、医疗、教育、金融、物流、农业等领域。

使用人工智能发展农业，有利于促进农业转型升级，构建农业产业新业态。现阶段人工智能已经渗透到了农业的各个方面，就农作物种植领域来说，应用人工智能技术可以实时了解农作物生长状况，采集并分析周围的环境数据，为农作物种植生产决策提供指导；在智慧养殖领域，使用人工智能技术可以实现多元化数据的采集与处理，让畜禽养殖变得更加精准；在农业服务领域，采用人工智能可以对农产品市场情况进行分析预测，指导农业生产者及时调整生产数量，减少因信息不对称而产生的供需矛盾，避免资源浪费。

要推动我国农业的数字化、智能化转型，需要探索出物联网、大数据、云计算、人工智能等技术与农业的成熟融合模式。虽然目前人工智能技术在国内的农业应用中获得了一定程度的发展，但多停留在较浅层次，还存在以下几个需要解决的问题：

(1) 农村网络基础设施差。人工智能对无线网络有较高的要求，但就目前而言，我国县镇级无线网络基础设施不健全，网络化水平还有很大的提升空间。

(2) 智能农业设备及其应用水平低。多数智能农业设备本身存有智能化水平不高的问题，效率、作业灵活度方面仍需不断改进。另外，智能农业设备需要配备专用芯片，而芯片对农业生产环境有一定的要求，生产环境差不仅会损害农产品质量，也会对智能农业设备的应用造成不良影响。

(3) 农户应用人工智能的意愿和能力有限。与使用普通设备相比，使用智能农业设备需要投入更多的资金，农业生产从生产资料投入到回收的周期长，多数农户在难以确保投资收益的情况下，不敢轻易将智能农业设备投入使用。农业智能设备与传统农业设备的操作方式不同，农户在操作智能化设备时往往显得力不从心，这也在一定程度上阻碍了农业人工智能的发展。

人工智能与农业的深度融合可以促进农业朝着智能化方向发展，目前的状况是两者融合深度不够，且面临着诸多挑战，因此负责农业管控的相关部门应积极出台各项措施，加快农业智能化进程，使农业可以更好、更快地发展。

人工智能在农业领域的应用涉及神经网络、图像处理、图像识别、专家系统等技术，通过这些技术赋予农业智能处理、智能控制等方面的能力，不仅有利于推动农业生产方式的变革，还能够促进农业系统集成、农业智能信息服务等产业的发展，进而全面提升农业现代化水平。

4.3.1 神经网络

1. 神经网络

神经网络(Artficial Neural Network，ANN)是人工智能的一种重要技术手段。感知机是神经网络的基本单元，是对生物神经元的数学建模，其输入由多个特征向量组成，通过对这些输入加权求和再与阈值作差得到输出，它的工作原理如图 4-1 所示。将一个个这样的感知机相互组合在一起就得到了神经网络，它可以用来模拟人类的神经系统。

感知机的数学表达式为

$$y = f(\sum_{i=1}^{n} w_i x_i - \theta) \tag{4.1}$$

其中，w_i 表示权重，权重反映每个输入在感知机中的重要程度，最优的 w_i 能够让神经网

络获得最佳的分类回归性能；x_i 代表神经网络的输入；θ 表示偏置，也叫作阈值，当整个输入值的加权和达到特定的阈值时感知机即被激活。

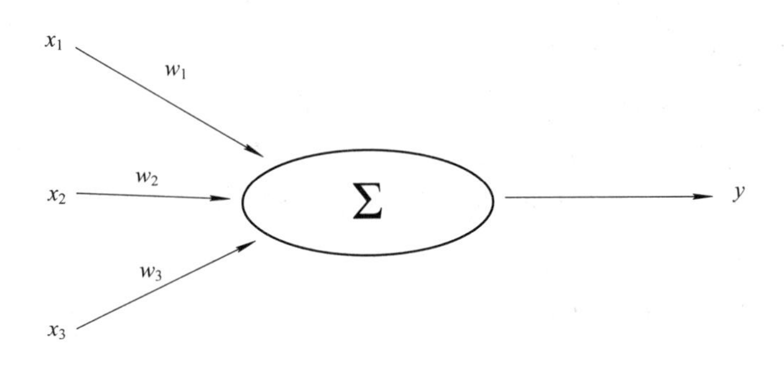

图 4-1　感知机的工作原理

给定多个输入激励(模拟人所受到的刺激)，最后得到输出(模拟人最后的行为决策)，中间过程由众多感知机对数据进行处理，每一个感知机都能根据其输入得到一个输出，这样，由多个感知机构成的复杂网络就能完成复杂的运算。因此，利用多个感知机可以构成一个具有特定功能的神经网络。

输入层、隐藏层和输出层构成了一个完整的神经网络，如图 4-2 所示，圆圈和连线分别代表神经元和神经元连接。信息在三个层次之间逐层传递，实现对信息的输入、处理和输出。输入层、输出层的节点数量通常是不会变化的，隐藏层则可以根据实际的信息处理需求，对节点数量进行调整。

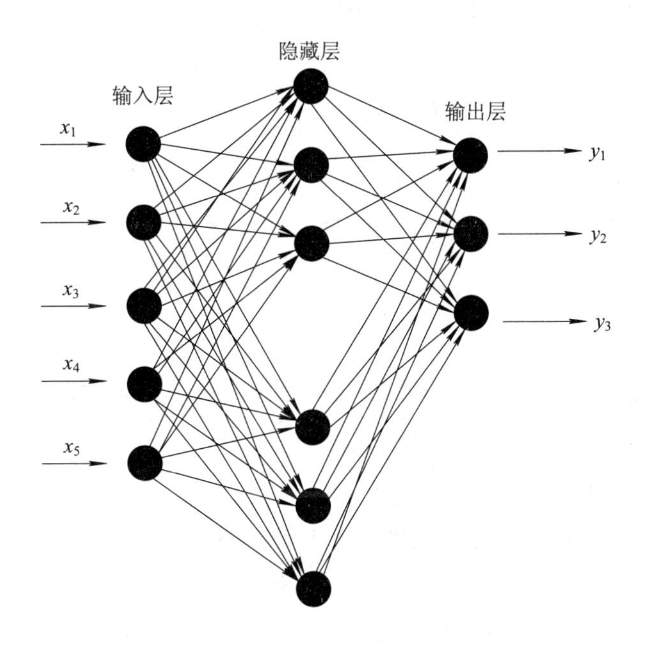

图 4-2　神经网络模型

2. 卷积神经网络

虽然神经网络可以完成相当复杂的运算，从而实现相应的一些功能，但是却无法实现特征提取等更为复杂的功能，因此，1987 年有学者在神经网络的基础上提出了卷积神经网络(Convolutional Neural Network, CNN)，这是一类以卷积运算为核心、内部能够自行进行滤波图像处理与函数拟合的神经网络，常见于自然语言处理、机器视觉等领域。卷积神经网络之所以能提取特征，关键在于其包含卷积层和池化层，前者通过卷积运算提取特征，后者通过池化运算对特征图进行降维，它不像传统的机器学习那样，需要人为地选取特征和设计复杂的分类器以进行分类，而是直接以大数据驱动，自动地学习图像等信号中的特征信息。卷积神经网络模型如图 4-3 所示。

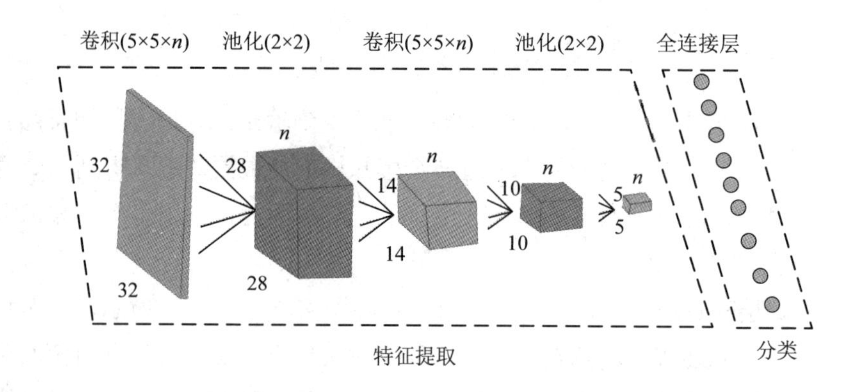

图 4-3　卷积神经网络模型

卷积神经网络的工作原理大致如下：给定某维度的图像输入，经过两次的卷积核卷积运算以及池化运算得到特征图，再将特征图输入到全连接神经网络中进行分类，从而得出最终的分类结果。

卷积运算的公式如下：

$$
\begin{aligned}
g(i,j) &= \sum_{m=-1,n=-1}^{m=1,n=1} f(i+m, j+n)h(m,n) \\
g &= f * h
\end{aligned}
\tag{4.2}
$$

其中，(i, j)表示中心像素坐标，$i = 1, 2, \cdots, h$，$j = 1, 2, \cdots, w$；h 表示图像高度，w 表示图像宽度，卷积需要遍历整个图像；f 表示原始图像，g 表示新图像，h 表示卷积核，* 表示卷积算符。

3. 神经网络在农业中的应用

神经网络在农业领域具有广泛应用，如运用神经网络模式通过农作物识别及预测算法，以温度、湿度、光照、降雨量、气体浓度等参数作为输入，得出相应的输出结果作为评价标准判断农业生产环境是否符合需求，为生产环境调控提供理论参考；在农作物病虫害诊断方面，针对拍摄的图像使用卷积神经网络实现自动判断有无病虫害的功能，能够使

整个诊断系统拥有更高的自动化性能，节省大量的人力、物力、财力；在进行农业生产及农产品销售时，也可以利用神经网络预测产品的需求量，进而指导农业生产，避免因供需不平衡造成资源浪费，影响农户收入。

4.3.2　图像处理技术

图像处理包含图像的采集、分析和输出三个环节。图像采集过程通过感知系统，经过模/数转换把模拟图像变成数字图像；图像分析过程通过定位物体、检测物体边缘来提取图像，接着对图像进行增强、分割、复原、编码、压缩等处理；图像输出过程将图像分析的结果以字符、图像等形式表示出来。

图像处理技术通过计算机数字语言来无限接近人类的视觉功能,首先生成数字图像来替代模拟图像,然后依据相应的判别规则完成对图像的判断与识别,再运用相应软件对图像进行分析、加工、处理、输出，获取有效特征，最终完成对图像的描述。计算机图像处理过程中所使用到的主要硬件设备包括 CCD 摄像机、图像采集和传输单元等。CCD 摄像机依托体积、速度、灵敏度等方面的优势，在计算机图像处理过程中发挥着重要作用；图像采集单元用于信号转换，将模拟图像信号转换为数字信号。

为了识别某一农业场景中的人或物体，需要利用图像处理技术对图片进行加工处理，包括图像预处理、图像分割、图像特征提取、图像目标分类识别等环节，具体介绍如下：

(1) 图像预处理。图像预处理的作用在于去除原始图像中的噪点，使图像更加清晰，突出目标信息以便进行后续处理，其过程主要是提高信噪比，包含噪声降低、对比度提高、图像锐化、几何变换等操作，其中常用的图像去噪方法有小波去噪、均值滤波器去噪、自适应维纳滤波器去噪等。

(2) 图像分割。图像分割是指按照性质差异区分图像，得到实际需要的有意义部分。图像分割以一定阈值为界限对不同灰度的像素进行划分，从而分离出目标物，其准确程度直接影响后续图像识别的效果，灰度阈值分割法、区域分割法、边缘分割法、直方图法等都是常用的图像分割方法。

(3) 图像特征提取。单一农业目标通常具有数个可描述的特征，如大小、纹理、形状、颜色等，为了高效区分大部分农业目标，提取的目标特征应多样化，以便对目标进行细致描述。

(4) 图像目标分类识别。训练学习是计算机获得分类识别能力的关键，计算机通过学习目标的特征数据得到分类模型，利用该模型实现对目标的分类识别。图像目标分类识别的关键在于目标特征的选择和分类器的训练，通过对目标特征集进行选择和降维，得到数量合理且最具区分度的特征或特征集合。常用的图像特征选择和降维方法有遗传算法(Genetic Algorithm，GA)、主成分分析法(Principal Component Analysis，PCA)、蚁群优化算法(Ant Colony Optimization，ACO)等。

1. 图像处理技术在农业中的应用

图像处理技术在农业领域的应用较多，主要包括：

(1) 农作物管理。图像处理技术在农作物管理环节首先用于分析农作物生长状态，形成农业作业方案。当农作物需要洒药、施肥时时，农药喷洒和施肥机械可以通过图像处理技术精准识别需要洒药、施肥的农作物，实现精准作业，提高化肥和农药的利用效率，减少污染。

(2) 病虫害分析。病虫害对农作物正常生长造成不良影响，严重的会直接导致农产品产量和质量下降，给农业生产者带来经济损失。运用图像处理技术分析农作物图像，可以精准识别农作物病虫害，且在病虫害发现初期就能准确分辨出其种类，方便生产人员及时采取防控措施，预防病虫害爆发。

(3) 农产品收获。农产品收获时使用的自动收获机器人以图像处理技术为基础，实现图像检测、自动识别、空间定位等功能。即使是同一区域内的同类型农产品，其收获时间也不尽相同，自动收获机器人通过图像处理技术识别、定位成熟农作物，提高农产品收获的准确性；自动收获机器人在移动采摘的过程中还需要识别、躲避障碍物，其中图像处理所发挥的作用尤为关键。

(4) 农产品品质分级。农产品品质分级涉及农作物损伤与缺陷检测、形状及尺寸检测、颜色识别等操作，其中图像处理技术在果实损伤与缺陷检测方面的应用已较为成熟，甚至比人工检测更准确。结合图像处理技术和人工神经网络，建立农产品品质综合分级系统，从形状、色泽、缺陷等多个角度对农产品进行检测，综合得出分级结果，其准确率可以达到90%以上。

2. 图像处理技术在农业应用中存在的问题

图像处理技术应用于农业领域有其独特的优势，有很大的发展空间，但其在农业应用中依然存在着一些问题，主要包括：

(1) 农业图像处理一般采用有线方式传输图像，一定程度上限制了图像处理技术的实际应用范围，因此图像处理技术应朝着无线远程处理方向发展，扩大图像处理的覆盖范围，并提高处理效率，以适应智慧农业的发展需求。

(2) 图像采集、处理过程易受环境因素影响，图像处理系统大多需采用高质量的摄像机与图像采集卡等硬件设备，由于要满足精确度和实时性的要求，使得其相应的应用成本较高。

4.3.3 农业物联网图像识别和处理技术

图像识别和处理技术涉及图像处理、计算机科学、模式识别等技术，利用光学设备和非接触传感器，以计算机视觉代替人的视觉，自动对外部目标物体的信息进行测量、感知

与接收。在实际应用过程中，先利用摄像机等设备获取目标物体的图像，再借助计算机进行处理分析，最终用于实际检测、测量和控制。

图像识别和处理技术具有非接触、速度快、检测精度高、信息处理量大等特点，能够在较短的时间内提取大量的信息，进一步自动化分析、处理数据，基本适用于任何需要人工视觉的场合，尤其是一些人工视觉或者人工作业难以达到要求的场景，在工业、农业、医疗、卫星遥感、交通管理等方面都有了较为广泛的应用。应用图像识别和处理技术发展生产能够大幅提高生产的灵活性和自动化程度，保障生产质量和效率，降低劳动成本。

图像识别和处理系统由光源、摄像机、图像采集卡、计算机系统组成。摄像机用图像的方式显示物体发出的信号，图像采集卡将图像数字化，计算机系统对数字化图像进行处理。根据系统处理结果，即可明确物体特征，实现对物体的定位、缺陷检测、目标跟踪等功能。

1. 图像识别和处理技术在农业领域的应用

农业图像识别和处理最早出现在 20 世纪 70 年代，日本、美国、荷兰等国家在建立智能化农业生产体系的过程中，不同程度地应用了图像识别和处理技术。我国对图像识别和处理技术在农业领域的应用研究起步较晚，但研究进展较快，目前已有不少研究成果。在农业领域，图像识别和处理技术的应用包括：

(1) 农业机器人。农业机器人是一种自动化或半自动化设备，集传感、通信、人工智能、系统集成等技术于一体，具有自主行走、定位、识别等功能。应用图像识别和处理技术可以增强农业机器人的智能化水平，使其自主完成农产品采摘、农产品分类、施肥洒药等农业生产作业。例如，果实采摘机器人以识别作业对象为主要目标，采用滤波、阈值分割等方法，从摄像机拍摄的图像中分离出可采摘的果实，再通过双目立体视觉确定其三维位置，从而顺利完成采摘。农田药物喷洒机器人应用图像识别和处理系统可以准确定位农作物行列，分离农作物与杂草，完成自主行走和药物喷洒作业。

(2) 农产品生长监测。实时监测农产品生长状态是发展精准农业的前提条件之一。通过图像识别和处理技术对农产品图像进行分析和处理，可以了解农产品的生长情况、病虫害现象等，方便生产者采取相应的措施及时解决问题。例如，当农产品存在营养不良问题时，其叶片与正常叶片相比，在颜色、形状等方面会有所不同，运用图像识别和处理技术分析农产品叶片图像，即可发现其中的细微差异，进而指导种植人员进行科学、精准施肥。

(3) 农产品质量检测。图像识别和处理技术在获取农产品图像的基础上，以农产品的形状、尺寸、纹理、色泽、损伤程度等特征作为质量判断指标，进行农产品质量检测。与人工检测相比，图像识别和处理技术在检测效率、检测有效性等方面具有明显优势，而且非接触的检测方式，也不会对农产品造成损害。利用图像识别和处理检测代替人工检测，是农业生产智能化发展的必然趋势。目前，图像识别和处理技术被广泛地应用在柑橘、苹果、西红柿等农产品的质量检测过程中。

2. 图像识别和处理技术在农业生产自动化中的应用现状及问题

图像识别和处理技术通过收集农作物的叶片周长、叶片面积、直径冠幅等物理参数，实时监测农作物的生长情况，同时判断是否有水肥不足、病虫害等现象存在，据此对农作物的种植环境进行实时调控，促进农作物在一定的经济生长空间内，提高品质，增加产量。

图像识别和处理技术在农产品生产过程中的应用，需要结合摄像系统来实现。摄像系统先获取采摘区域的实时图像，图像识别和处理系统凭借这些图像判断出该区域存在处理目标时，再引导智能装备进行控制。然而因为种植作业环境非常复杂，例如在大田或者果园里光照条件会产生变化，并且植物的茎叶经常会遮挡果实，因此摄像系统采集的图像因受到干扰会含有噪声，导致图像处理难度加大，目标判别速度变慢，准确率降低。

对农产品进行质量检测和分级需要按照一定的标准，图像识别和处理技术主要是根据农产品大小、形状、色泽、缺陷特征等物理特性划分不同质量等级的农产品，并对农产品内部品质进行无损检测。但另一方面，图像识别和处理技术相关算法还不够完善，存在计算复杂度较高、判别精度低、速度慢等问题。

农产品的种植生产过程受人为和自然因素的影响，生长环境和条件存在很大差异，因此农产品的形状、大小、色泽等均会有所不同，要做到整齐划分有很大的难度。在根据农产品形状、大小、色泽等进行质量分级时，图像识别和处理技术往往只能对单一指标进行检测，不具备对综合指标进行评价分级的能力，所以自动分级后还需要进一步的人工分选来配合，这会在一定程度上影响分级效率和准确性，不能够实现完全的自动化。

施肥、植保等生产环节较晚应用图像识别和处理技术。图像识别和处理技术应用于精准洒药，先精确识别田间杂草或病虫害，再引导药物喷洒机器人对杂草喷洒相应浓度的除草剂，对受到病虫害侵扰的植株喷洒适量的杀虫剂，能够有效减少农药浪费和环境污染，避免粗放式喷洒的弊端。但是应用图像识别和处理技术开展此类田间作业时，还有一些问题亟待解决，包括如何对农作物进行精准定位，如何确定农作物与机器的相对位置等。

3. 图像识别和处理技术的研发方向

神经网络是高度并行的分布式系统，可以对图像识别和处理系统探测的图像进行高效处理，因此将图像识别和处理技术应用于智慧农业领域要着重研发和优化神经网络技术。图像识别和处理技术能够高效识别处于静止状态的农产品，研究获取处于非静止状态的农产品的信息，并恰当处理其中的误差，是图像识别和处理技术的重要发展方向。

在算法设计方面，需要考虑性能和计算复杂度平衡，提高图像识别和处理系统的实时处理速度，使其能够应用于监测多种类型的农作物或病虫害；当对农产品的质量指标进行

综合检测时，需要提高检测的效率和准确率，达到目标效果。提高图像识别和处理技术对农作物种植环境和农作物种植规律的适应性，优化图像识别和处理系统运行过程中的鲁棒性。构建集成化的图像识别和处理技术农业应用平台，使得单一平台能够满足多目标物的分析处理需求，从而扩大图像识别和处理技术的覆盖范围。

4.3.4　专家系统技术及应用

专家系统(Expert System，ES)也称基于知识的系统(Knowledge-Based Systems)或知识工程，它是一种智能计算机程序系统，以专家知识为基础，用专家的思维解答人类提出的问题，可以达到与专家解答相近的水平。

1. 专家系统的基本结构

专家系统一般包括人机交互界面、知识库、推理机、数据库、解释器、知识获取六个部分，如图 4-4 所示，系统结构随其类型、功能、规模变化而变化。

人机交互界面是展示用户与系统交流信息的界面，用户查询问题、系统输出反馈结果都需要通过该界面来进行；知识库是专家知识的集合，其容量和质量对系统功能有直接影响；推理机是基于知识库的问题推理程序，相当于专家解答问题时的思维方式；数据库也称为动态库，存放着初始数据、推理路径、推理中间结果以及推理结论；解释器对得出结论的过程进行解释说明；知识获取即系统的学习功能，负责运用外界知识对系统知识库进行完善。

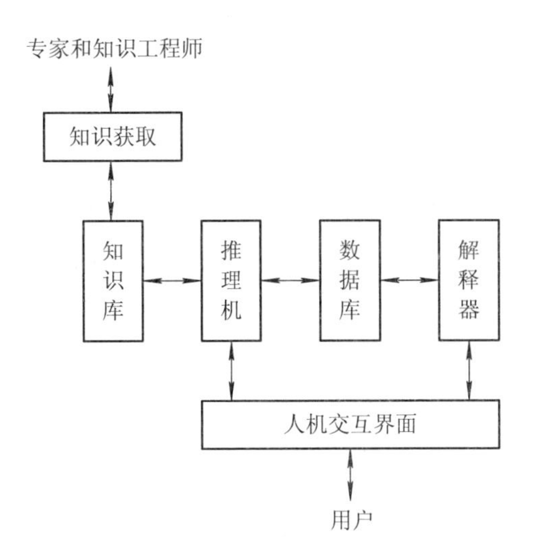

图 4-4　专家系统的基本结构

专家系统的基本工作流程是：系统通过知识获取将专家和知识工程师等提供的知识存储在知识库中，用户通过人机交互界面提出问题，推理机基于知识库存储的知识对问题进行推理，数据库存储推理结论，解释器对问题推理流程和结论作出详细说明，并最终呈现给用户。

2. 专家系统在智慧农业方面的应用

建设智慧农业专家系统，通过智能化手段进一步发挥专家经验和知识的价值，可以让专家及其专长不受时空限制，为农业生产管理提供服务，这从一定程度上满足了农业生产对专业人才的需求，弥补了农业管理水平的不足。

通过农业专家系统，生产人员可以获取生产建设、管理决策、效益预测等方面的专家建议，咨询农作物种植、畜禽养殖、疫病防治等方面的知识；农业生产人员与专家可以在线交流，进行实时远程问答；在进行农作物病虫害、畜禽疫病诊断时，可以将染病样本图等资料共享给专家，专家根据实际病症开展远程诊断；将种植养殖现场的摄像系统与专家系统相连，专家即可通过远程访问的形式查看现场情况，方便及时给予技术指导。

第5章　农业无人化生产

5.1 农业无人机

5.1.1 无人机的农业应用

无人机(Unmanned Aerial Vehicle，UAV)是一种装备了推进系统、GPS 或北斗导航系统、传感器、照相机、可编程控制器的用于自动飞行的设备。农业无人机可以采集精准的农业数据，其功能实现过程包含以下四个环节：

(1) 指示飞行参数。确定所需监视的区域，把相应的定位信息传输至无人机导航系统。

(2) 飞行执行。无人机依照先前输入的参数，执行飞行任务，采集所需的农业数据。

(3) 数据上传。无人机上传其采集的全部数据，进行处理和分析。

(4) 信息输出。数据经过处理、分析后，传输给农业生产人员，用作管理决策时的参考依据。

随着无人机技术水平的提高，无人机的整体可承受性不断增强，凭借作业精准度高、适应性强、操作灵活、安全性高等优势，无人机现已广泛应用于农业领域。无人机在农业领域的应用主要有：

(1) 农作物播种。在大面积种植农作物时，人工播种效率低，还存在种子播撒不均匀的问题，地面机械播种则容易受到地形条件的限制。利用无人机进行播种，范围大、密度均匀、不受地形影响，对于减少播种劳力支出、提高播种效率具有明显作用。

(2) 土壤湿度监测。适宜的土壤湿度环境对农作物生长至关重要，无人机搭载可见光和图像信息处理平台，可以长时间、大范围监测土壤湿度的动态变化情况。

(3) 农产品生长状况监测。利用无人机采集农产品照片，可以查看是否存在倒伏、密度不均等现象；无人机可以搭载光谱仪采集农产品反射的光谱信息，由于光谱反射率与农产品种类、农产品健康状况有关，因此对光谱数据进行分析处理，可以准确地找到存在病虫害症状的农产品，运用所采集的光谱数据建立农产品病虫害光谱数据库和存储病虫害案例信息，无人机系统据此可以对病虫害类型进行智能识别。

(4) 农药喷洒、施肥。用无人机喷洒农药、施肥的速度快，这是无人机区别于喷雾器和人工作业的突出特征。无人机旋翼产生的气流使农药更加均匀地覆盖农作物，提高了农药的利用效率；再结合 GPS/北斗定位技术远程操控无人机进行田间施肥和水塘洒药，效果更良好。

(5) 农业管理。农业灾害发生后，使用无人机勘察农产品受灾面积及损害程度，可以提高灾害鉴定与赔偿的效率，解决传统农业保险赔付难的问题；无人机具有遥感和定位功能，可以准确测量土地面积，以便进行农业用地规划。

5.1.2　典型的农业无人机产品

大疆创新科技公司于 2016 年 7 月推出了精准农业无人机套装，其中包含经纬 M100 飞行器(如图 5-1 所示)、经纬 M100 遥控器、可见光相机、近红外相机、10 个桨叶、Micro SD 卡、Data Mapper 标准版账号激活卡、充电器、USB 连接线、充电管家、4 个 TB48D 电池、高级防水旅行箱等共 12 种产品。经纬 M100 飞行器单电池续航 23 min，双电池续航约 35 min，最大可承受风速为 10 m/s，可挂载多种负载，适合农场经营者、农业类高等院校及各类农业相关研究所、植保站和农机站等农业信息采集及服务单位、农业保险机构等使用。

该无人机套装中配备的可见光相机可替代人工对农田、水塘、农产品进行常规巡视，从而大大减少了人力劳动量。近红外相机适用于观察农田和水塘的各种健康指数，从而及时发现农产品缺水、缺素、病害等状况。另外，该套装中还包含农业数据分析平台，具有 150 GB 云存储空间，可以输出农业数据结果报告、计算归一化差分植被指数(Normalized Difference Vegetation Index，NDVI)和其他农业植被健康指数，以及添加其他高级分析功能。

大疆 MG-1 农业植保机配备了八轴动力系统，如图 5-2 所示，在载荷 10 kg 的情况下，其推重比可以达到 1∶2.2，可防尘、防水、防腐蚀。MG-1 农业植保机田间喷洒每小时作业量在 40～60 亩之间，效率高，大概是人工作业的 40 倍。

图 5-1　大疆经纬 M100 飞行器

图 5-2　大疆 MG-1 农业植保机

守护者-Z10 无人机属于零度智控守护者系列，如图 5-3 所示，其采用了四轴动力系统，设计了多个模块，最高载荷为 10 kg，单次田间作业面积可达 15 亩，单次续航时间在 15 min 以上。

图 5-3　零度智控守护者-Z10

5.1.3 无人机无线传感器网络系统(UAV-WSN)

物联网被用于惠及农民、增加生产、降低运营成本和提高劳动效率，是推动农业发展最有前途的技术之一。低成本、实时、大规模、稳定的监测以及准确的数据采集、传输和处理对农业生产和防灾至关重要，然而，大部分农区没有基站和 Wi-Fi 站，通过无线传感器网络获取的数据不能使用无线通信方式进行传输，阻碍了监测系统的功能发挥，而无人机无线传感器网络系统可以有效地解决这一问题。

无人机无线传感器网络系统通过使用无人机与无线传感器网络通信，获取实时监测数据进行处理和分析。具体实现方式是：在农场中应用 ZigBee、LoRa 或 NB-IoT 技术构建无线传感网络，基于 ZigBee 的无线传感器网络如图 5-4 所示，同时在无人机中安装 ZigBee、LoRa 或 NB-IoT 无线传感模块，农场的无线传感网络与无人机中的无线传感模块进行通信，完成信息传输。而常规方案是使用 4G 移动通信技术将传感器采集的信息直接传输到控制中心，但由于大部分农区受到基站、Wi-Fi 等传输条件的限制以及高昂的流量费用，该方案通常无法实施，因此用安装了无线模块的无人机取代 4G，将采集到的农场监测数据传输到控制中心，可以提高效率并极大地降低传输成本。

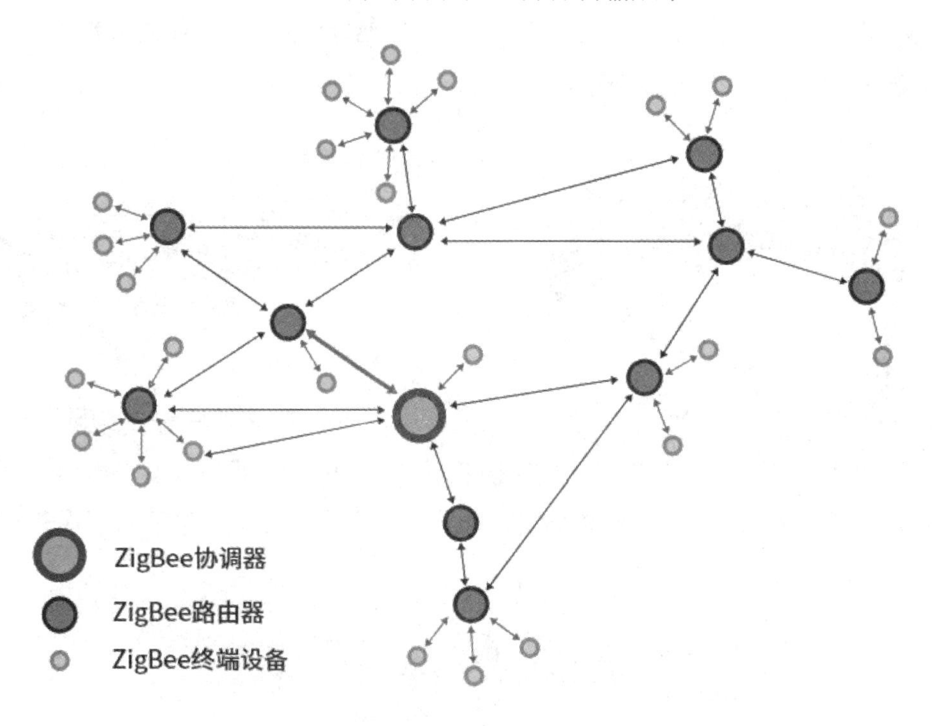

图 5-4 基于 ZigBee 的无线传感器网络

无人机获取的数据还可以被保存在 SD 卡上，以便通过串行端口进行传输。图 5-5 所示为无人机获取的数据。

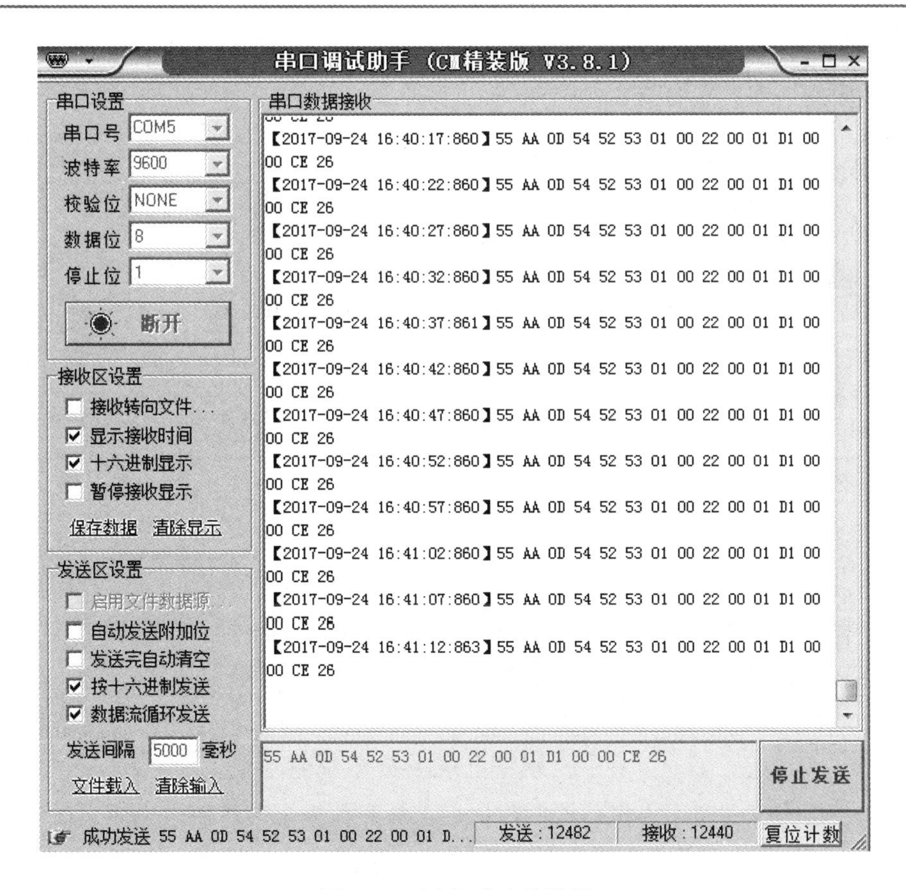

图 5-5　无人机获取的数据

图 5-6 是无人机无线传感器网络系统示意图。无线传感器网络组合了几十个分别连接到传感器模块的无线传感节点，与配备了一个无线传感节点的无人机进行通信。每个无线传感节点可以覆盖半径为 200～500 m 的区域，因此几十个节点可以覆盖上千亩的农场。每个传感器模块最多包含 10 个用于监测土壤和气象信息的传感器，可以监测土壤温度、土壤湿度、土壤肥力、土壤 pH、光照、CO_2、降雨量、风力等参数。

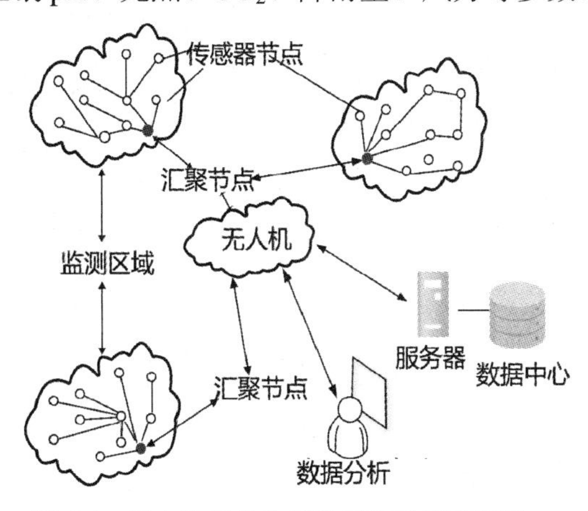

图 5-6　无人机无线传感器网络系统示意图

无线传感器网络收集的信息被传输到无人机，接着传输到控制中心进行进一步处理。控制中心的数据平台界面如图 5-7 所示。

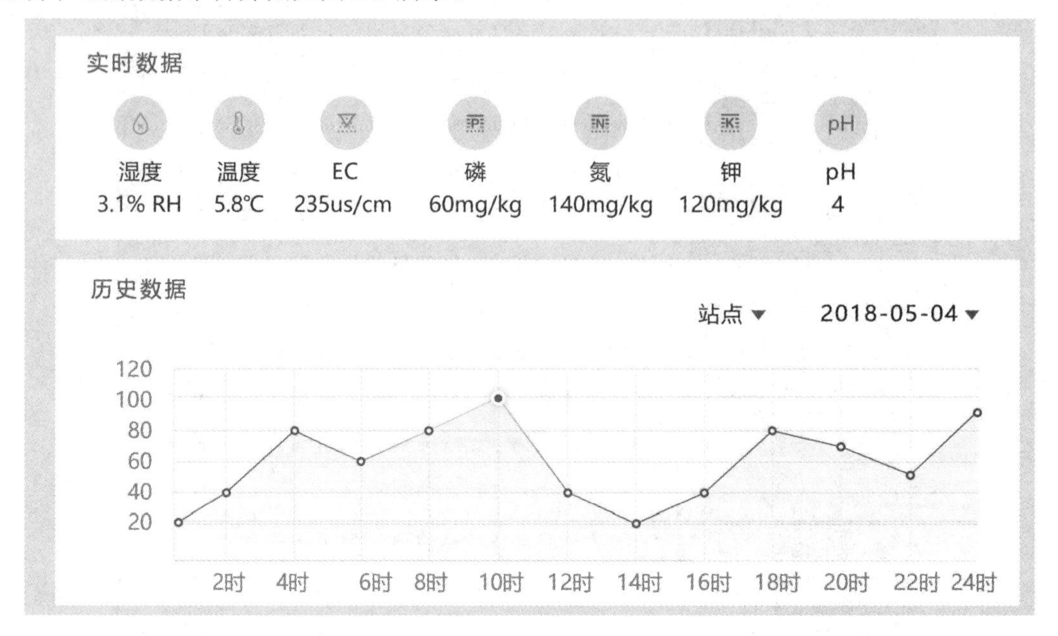

图 5-7　控制中心的数据平台界面

控制中心接收、处理无人机传输的数据后，参照数据合理控制农场的设备完成浇水、施肥等生产作业。图 5-8 为数据采集与设备控制示意图。

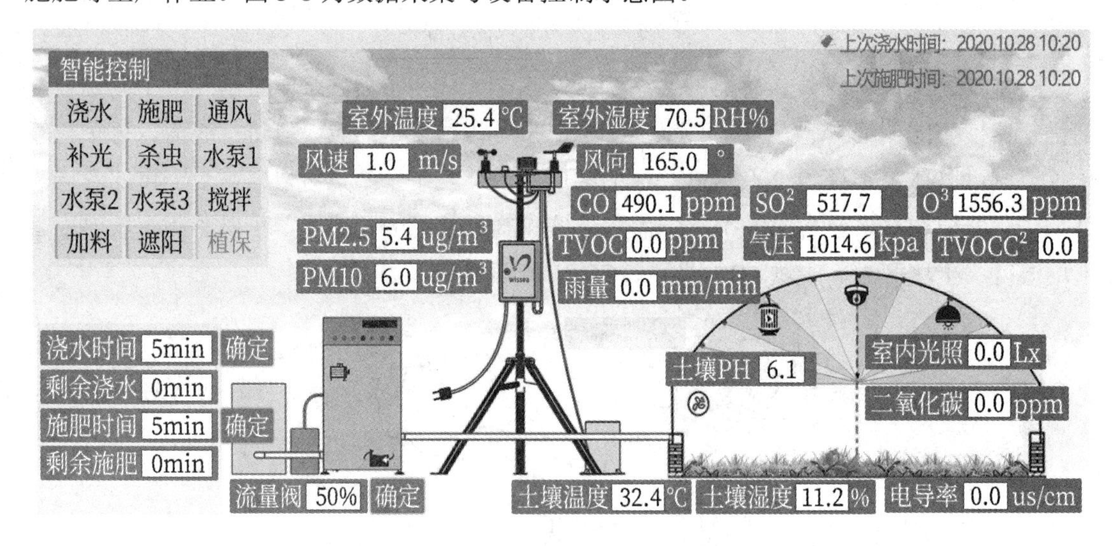

图 5-8　数据采集与设备控制示意图

使用无人机无线传感网络系统可以在基站不可用的情况下实现低成本、大范围通信和实时、可靠的数据采集，从而大大提高农业生产效率。当然，此系统也面临着一定的挑战，包括无人机性能的提高、成本与性能之间的平衡、无线通信干扰因素的排除等，在技术尚未成熟的情况下，还需要投入更多的研发工作。

5.2　无人农场

我国是农业大国，农业劳动力是传统农业发展不可或缺的资源，但人口老龄化、劳动人口年龄增长、农村劳动力流向城市等问题使我国农业劳动力紧缺形势日趋严峻。为了提高农业生产效率和农业资源利用率，亟须改进农业生产模式。现有的农业生产模式大致可以分为人力生产、人力及技术手段共同生产、无人化生产三种类型，物联网、大数据、云计算、人工智能、移动通信、机器人等技术的发展，为实施无人化生产创造了关键技术条件。

农业物联网技术使各类农业生产设备互联，实现对农业信息的实时准确采集和传输；大数据及云计算共同分析处理农业数据，提取有价值数据作为决策依据；人工智能技术及其相关装备自主进行农业决策及作业，综合利用这些类型的技术，无人化生产得以实现。英国、德国、荷兰、日本、以色列等发达国家已陆续推进无人化生产，无人农场即是无人化生产的具体应用。

区别于传统农场、机械化农场和自动化农场，无人农场的本质是以智能设备生产取代人力劳作，其发展经历了人为远程控制设备运行、人为下达生产指令控制设备自主作业、设备完全自主完成农场业务三个阶段。无人农场发展到最高水平时，其生产任务由受现代信息技术控制的农业装备完成，在实施农业生产的时空范围内，农业生产的各个环节均不再有人为因素介入。无人大田、无人温室、无人果园、无人牧场、无人渔场等均属于无人农场的应用场景。

5.2.1　无人农场生产应用的关键技术

1. 物联网

物联网通过传感器、RFID、摄像头等设备获取信息，运用无线传感器网络传输信息。将物联网技术应用于无人农场的生产过程，可以实现的功能包括：实时感知农场生产环境，确保环境适宜生物生长；感知农业生产装备的实时位置及其运行状态，确保农业生产操作正常进行；连接农业生产对象、智能装备及云管控平台，用无线传感器网络、4G/5G 移动通信网络确保实时通信；运用机器视觉、遥感等技术探测生物表征，便于生物的分类识别和管理。

2. 大数据与云计算

无人农场实时产生来源复杂、结构多样的农业数据，对于这些数据的有效处理、挖掘、存储和精准调用需要依靠大数据和云计算技术来完成，其具体应用体现为：大数据技术对海量数据进行分类、筛选，保留其中有价值的数据；通过深入挖掘和分析，大数据能够发现隐含的数据规律，并以此为依据对数据进行管理；数据库存储各类有效数据，总结历史数据变化趋势，供后期学习和使用；大数据与云计算结合进行精准、高效的数据计算，确保装备自主作业的精准与灵活。大数据和云计算所具有的数据精准分析处理能力与农场生产紧密结合，驱动装备自主作业，实现对农场的无人化精准管控。

3. 人工智能

人工智能能够自主判断无人农场的生产情况，在此基础上开展决策，并自动实施生产操作。在无人农场的生产过程中，智能感知技术用于识别生产环境、生物生长状态以及农业装备的工作状态；农业装备精准决策和作业的前提是学习生产知识与经验并进行应用推理，这一过程也包含人工智能因素；后端综合管控平台所应用的数据搜索、数据挖掘、推理、决策等技术也来源于人工智能；云平台完成复杂的数据计算，这一过程同样涉及人工智能技术。

4. 智能装备

农业智能装备包括农业生产及产后管理过程中用到的所有设备，是农业生产过程中淘汰人力手段需要具备的关键条件。无人农场生产管理所需的智能装备通常有机器人、无人机、无人车，以及水肥一体机、自动增氧机等固定设施。其中，机器人多完成种植、养殖、除草、采摘、自动管理等生产任务。智能装备借助传感器、定位导航、智能计算等技术实现信息感知和自动控制，以智能动力驱动技术及其相关应用作为动力来源，通过智能控制系统控制运行时间、空间和强度，利用智能识别、故障诊断等技术实现数字化监测，从而保障无人农场的生产活动有序、高效进行。

无人农场是农业生产水平提高的产物，也将进一步促进农业生产发展，最大程度解放劳动力，推动农业生产方式变革，但目前其应用成本较高。在农业劳动力紧缺且成本高昂的形势驱动下，无人农场技术必将得到推广，应用成本也将有所下降。未来农业将朝着智慧农业、精准农业方向发展，生产无人化趋势会日益明显，研究无人农场理论、技术并将其付诸实际应用对保障农业正常发展、提升农业现代化水平具有重要意义。

5.2.2 物联网与无人农场

生产对象、生产装备与云管控平台实时通信是无人农场进行生产作业的前提，即云管控平台以生产对象的生长情况、所处环境等信息为依据，向生产装备发布适宜的操作指令，生产装备开展相应作业，实现无人化的农业生产管理。而要实现生产对象、生产装备与云管控平台之间的互联互通，就需要应用物联网，如利用传感器技术全面感知动植物生长环境、生命状态、农机运行状态等信息，结合机器视觉技术、遥感技术获取动植物生长数据，通过北斗/GPS 定位技术获取生产装备的位置信息，为农业机械装备自行走提供定位导航服务，同时应用无线传感器网络技术、4G/5G 移动通信技术实现信息的实时传输。

1. 传感器

传感器获取物体信息并将其转换成电信号供后续处理和应用。在无人农场的生产过程中，传感器监测的信息主要包括生产环境信息、生物生长体征信息和农机运行状态信息。

(1) 环境监测。无人农场进行的生产作业涵盖了农作物种植、畜禽养殖、水产养殖三大领域，传感器需要对土壤环境、大气环境、水环境等进行监测，监测要素包括土壤温湿度、土壤酸碱度、土壤电导率、空气温湿度、气体浓度、光照强度、风速风向、降雨量、大气压力、溶解氧、水体电导率、pH 等。传感器将采集到的环境数据通过无线传感器网络、移动通信网络实时传输至云管控平台进行处理，数据处理结果则作为环境调节的依据指导环境调节装备进行自主作业。

(2) 生物生长体征监测。在农作物生长过程中，水分含量是衡量其生长质量的一个重要指标，使用植物茎流传感器监测植物茎秆液流，可以直接获取植物水分含量信息；另外，通过测量农作物的叶片厚度、茎秆直径也可以间接确定植物体内的水分含量，使用线性差动电感式位移传感器(Linear Variable Differential Inducer，LVDI)测量植物叶片厚度，使用线性差动变压位移传感器(Linear Variable Differential Transformer，LVDT)测量植物茎秆直径，这类监测方式操作简单，且不会对农作物造成损伤，适合长期使用；通过传感仪器还可以检测植物叶片的叶绿素含量、植被指数，从而判断植物的生长状态。

在畜禽养殖方面，传感器主要用于监测畜禽的脉搏、血压、体温、呼吸等指标，如使用脉搏传感器监测畜禽的脉搏变化，掌握与畜禽心脏、循环系统、神经系统等有关的动态信息；MEMS 超声波贴片传感器用于捕获畜禽某些部位的血管直径信息，间接测量畜禽的血压；使用非接触式红外温度传感器测量动物体温；通过高灵敏气压传感器检测动物的呼吸强度等。

根据传感器监测所得的生物生长体征信息，可以对农作物的含水量、营养状况等作出判断，也可以掌握畜禽的健康状况，在此基础上制定种植、养殖方案，指导无人农场生产。

(3) 农机运行状态监测。将传感器安装在农机的关键部位，通过传感器感知所得的数据可以及时、准确地判断农机的运行状态，以便及时解决异常状况，进而提高农机作业的精度和效率，延长农机的使用寿命。应变式传感器(如拉力传感器、气体和液体压力传感器、加速度传感器)、光电式传感器(如测速传感器、油耗传感器、光电式扭矩传感器)、电感式传感器(如差动变压式传感器、振动测量传感器、液位测量传感器)等都是常用的农机状态检测传感器，检测的参数通常包括牵引力、振动频率、转速、流量、扭矩、位移、燃油密度、作业深度、作业均匀程度等。

2. 机器视觉技术

机器视觉技术即以机器视觉取代人的视觉，是通过智能机器对外界物体、环境等进行识别的技术，主要包括视觉传感器信息获取、信息理解与分析、计算机信息呈现、信息应用四个部分。将机器视觉技术应用于无人农场生产，能够有效地提高无人农场生产的安全

性和智能化水平。

无人农场生产过程中通常将机器视觉技术应用于农产品采摘、农作物病虫害监测与防治、农产品质量分级等方面。农产品采摘由农业机器人完成，农业机器人通过机器视觉技术实现对果实和茎叶的分离，识别作业对象，完成采摘工作。引入机器视觉技术进行农作物病虫害监测，可以远程自动识别农作物病虫害，结合阈值分割、形态学腐蚀和膨胀等方法还能实现对害虫的精确定位，将病虫害信息发送至云端，云管控平台远程控制药物喷洒机器人进行农药喷洒。利用机器视觉技术检测农产品的颜色、形状、缺陷程度等质量信息，进而根据质量信息对农产品进行准确分级，这也是机器视觉技术农业生产应用的重要发展方向。

3. 遥感技术

遥感技术对物体进行监测识别无需接触，且通常与被监测物体相距较远。遥感监测实际上是将物体辐射或反射的电磁波信息成像化，涉及信息获取、传输、存储、处理四个环节，具有监测范围广、监测效率高、对目标无损害、环境适应性强、监测结果客观准确等特征。

在无人农场遥感监测过程中，常以农作物、病虫害、土壤环境等作为遥感监测的信息源，获取农作物长势、病虫害情况、土壤墒情等相关信息。不同农作物及处在不同生长阶段的同一农作物，光谱反射率均有所不同，依据农作物的光谱反射率及其变化规律，遥感技术能够对农作物类型、幼苗发育情况、植株生长形势等作出判断。

当农作物遭受病虫害出现叶片损伤情况时，会出现可见光区、近红外区反射率明显变化的光谱特征，遥感技术据此可以对农作物病虫害进行监测。土壤的墒情信息可以结合土壤光谱反射率、农作物长势描述指标推演得出，但这种方法还需要考虑地表条件，因此适用性有待提高。此外还可以构建农作物生长模型，通过分析作物生长参数间接得出土壤含水率，但由于模型原理复杂，这一方法在今后的实际应用中还需要进一步优化。

使用遥感技术还可以获取杂草的空间位置及其密度信息，由于杂草与农作物的光谱特征是不同的，通过遥感技术获取农作物种植区域的光谱影像，可以对杂草和农作物作出明确区分，以便开展除草工作。

4. 无线宽带及窄带通信技术

无线宽带及窄带通信技术的信息传输媒介是电磁波信号，具有网络建设维护成本低、抗干扰能力强、扩展方便等优点。使用 RFID、Wi-Fi、ZigBee、NB-IoT、LoRa、蓝牙、4G、5G 等实现信息在感知设备、农业机械、遥感监测平台以及云管控平台之间的可靠、稳定传输，是无人农场生产正常进行的重要保证。物联网与无人农场的发展将进一步要求无线宽带及窄带通信技术在网络覆盖率、传输速率、传输稳定性、网络延时、多网融合性能、智能化特性、信息传输安全等方面不断进行优化，从根本上提高无人农场信息传输的实时性、稳定性和精确性。

第6章　农产品溯源

6.1 农产品溯源概述

1. 溯源

溯源指的是追溯来源，产品质量安全溯源贯穿产品消费前的所有环节，供应链上的责任主体记录各个生产环节的信息，供消费者追溯使用。完善的溯源系统能够用于对产品进行双向追踪管理，即消费者通过溯源系统追溯产品来源，生产企业通过该系统把握产品流向，有利于第三方监管部门对产品质量安全实施监管。

目前，我国的溯源法规政策正在不断完善，产品溯源体系建设进程也在逐渐加快，参与溯源体系建设的城市、企业数量有所增加，溯源行业规模呈扩大趋势。提供溯源技术方案的企业与批发、零售企业之间的合作加强，溯源技术方案随需求变化也在不断更新。物联网溯源已较为普遍，物联网和区块链共同应用于溯源系统建设是当前的一个研究热点。

在食品安全溯源方面，2015 年《中华人民共和国食品安全法》正式施行，明确实施食品安全溯源体系建设计划，对食品生产经营者、食品安全监管部门、农业行政部门等提出了相应的溯源体系建设要求。目前，国家农业农村部及各省农业厅、商业厅等正极力推动食品安全可追溯在全国大范围实现。

2. 农产品溯源

农产品质量安全能否得到保障受很多因素影响，违规生产、维权意识薄弱、保障体系缺失等都是质量安全问题难以得到解决的原因，换言之，农产品产业链上的所有环节都与农产品质量安全息息相关。因此，农产品溯源应该追溯整条农产品产业链上的信息，覆盖农产品的生产、加工、运输、检验、销售等环节，将这些环节的信息上传至农产品溯源系统，再将农产品溯源系统与消费者查询平台和农产品质量安全监管平台对接，从而使数据能够供消费者认证农产品质量以及监管部门监管农产品质量安全使用，如图 6-1 所示。

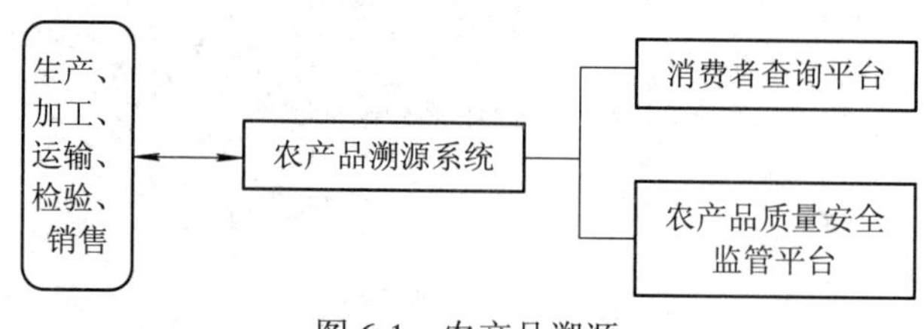

图 6-1　农产品溯源

3. 农产品溯源的关键技术

(1) 射频识别技术。将装有芯片的射频标签贴到农产品或者包装上，记录农产品生产、加工、运输、存储等环节的信息。

(2) 北斗/GPS 定位技术。使用北斗/GPS 对运输中的农产品进行定位追踪，记录运输轨迹。

(3) 二维码技术。二维码内含农产品的批次信息，还有产地、生产加工的具体操作、相关人员等信息，消费者利用手机等移动终端扫描二维码即可进行查询。溯源系统会自动保留和标记消费者的查询记录，当农产品出现质量安全问题需要召回时，消费者就会收到通知短信，以此提高召回问题农产品的效率。

(4) 无线远程视频监控技术。获取农产品供应链上各环节的视频及图像信息。

(5) 传感器技术。使用传感器监测农产品所处的环境及农产品状态信息。

(6) 检验检疫技术。检验农产品质量，对农产品进行检查和消毒，阻止带有疫病风险的农产品流通。

4. 农产品溯源的意义

(1) 保障农产品质量。农产品溯源使农产品的生产流通信息透明化，能够让企业及时发现生产过程中的问题，也便于监管部门开展监督管理工作，为农产品质量安全提供保障。

(2) 提升农业产业的市场竞争力。品质是衡量产品市场竞争力高低的重要标准之一，建设农产品溯源体系，可以推动农产品生产者提高产品质量，提升质量竞争优势，从而提高产品的市场占有率。

(3) 龙头企业带头辐射，引领产业升级。少数企业首先建立农产品溯源系统并展示追溯成果，为其他生产者提供追溯样本，逐步推广农产品追溯应用，扩大受众范围，并延伸至产业链上的每一个环节，合力推动产业升级。

(4) 打造品牌，提高效益。企业建立溯源系统加强对农产品的监管，保障产品质量，有利于树立良好的品牌形象，打造品牌的溢价能力，最终提高效益。

(5) 提升产业形象，推动产业健康发展。建立农产品溯源系统，能够督促农业企业提高管理水平和服务质量，监管部门充分发挥市场监管职能，这对于提升农业产业形象、推动产业健康发展具有重要意义。

6.2　农产品溯源流程

1. 农业生产溯源

农业生产溯源以信息技术作为支撑，涉及信息采集、信息解码、投入优化、田间实践环节，具有可视化、精细化、平台化、可追溯的特征，集移动互联网、物联网、无线视频监控、传感器监测技术、大数据建模分析处理等为一体，在农业生产体系中，根据生产环节的具体情况调整生产资料管理方式，合理控制资源投入，实现经济效益和环境效益的最大化。

1) 农资追溯

记录与种子、种苗、农药、肥料等农资相关的信息，包括采购日期、名称、采购入库数量、品牌，以及供应商等信息。种子、种苗、农药、化肥采购入库表分别如表 6-1、表 6-2 所示。

表 6-1　种子、种苗采购入库记录表

采购日期	名称	采购入库数量	品牌	供应商
2020/7/5	白菜	2 千克	寿光	
2020/7/5	上海青	2 千克	寿光	
2020/7/5	萝卜	7 千克	寿光	
2020/7/5	番茄	4 千克	寿光	
2020/7/5	莜麦菜	3 千克	寿光	

表 6-2　农药、肥料采购入库记录表

采购日期	名称	采购入库数量	品牌	供应商
2020/7/5	阿维菌素	2 千克	林奈	
2020/7/5	凯润	2 千克	巴斯夫	
2020/7/5	尿素	2 千克	河池	
2020/7/5	液态棚	1 千克	庚雷	
2020/7/5	扑海因	3 千克	富美实	

2) 农产品生产过程追溯

(1) 实景监控。实景监控系统可实现近处实时查看和卫星大面积查看，了解某一具体位置或片区整体的农产品生长发育状况、病虫害情况、灾情等信息。生产人员可以利用电脑和移动设备随时随地查看农产品种植、养殖现场情况，记录种植、养殖信息。

(2) 环境监测。使用传感器实时监测农产品所处的环境。监测农产品种植、养殖环境的无线网络由不同的传感器节点组成，其监测的信息包括气象参数(温度、湿度、光照、降水量、CO_2 浓度等)、土壤参数(酸碱度、水分含量、金属离子等)、水质参数(水温、水位、酸碱度、可溶性盐含量等)等。智能传感器采集到的数据传输到数据管理平台进行分析和存储，最后可统一传输到溯源平台。

(3) 大数据分析整合。通过平台服务器接收、分析和存储海量数据，生成相应的农产品生产分析报告。

(4) 采收追溯。生产人员记录采收的信息，如采收日期、具体位置、品种、数量等。

2. 仓储物流溯源

对送货、检验入库、包装、发货等环节的信息进行记录。

3. 销售市场溯源

在销售市场溯源环节使用自助交易终端记录产品入场、检验、交易等过程的信息，信息传递可借助智能卡、二维码单据来完成，最终确保将经营主体信息和其指向的销售市场流通信息及时、高效地上传至农产品溯源系统。

针对移动 Android 与 iOS 用户，系统可以提供适用的 APP，通过下载相应的 APP 查询溯源信息，或者将农产品信息集中存储在二维码中，供消费者扫码查询。消费者也可以针对问题产品进行投诉，在溯源系统移动用户端上传图片、视频、音频等文件，并提交到系统平台，等待监管部门的调查和处理。

监管部门负责对企业及对特定农产品(包含生产、加工、仓储、运输等信息)进行监管，当企业或农产品被消费者投诉时，监管部门就会介入调查，并公示调查及处理结果。

农产品溯源系统实现了农产品从源头到最终消费者的全过程追溯，便利、快捷的追溯方式缩短了各个环节所需的追溯时间，方便政府发挥监管作用，杜绝农产品假冒伪劣和以次充好的现象，保障农产品质量安全，从而促进品牌建设，逐步建立现代化农业示范区域，拉动区域经济增长。

6.3　农产品溯源体系

一个完整的农产品溯源体系包含供应企业、消费者、监管部门和农产品溯源平台，如图 6-2 所示。

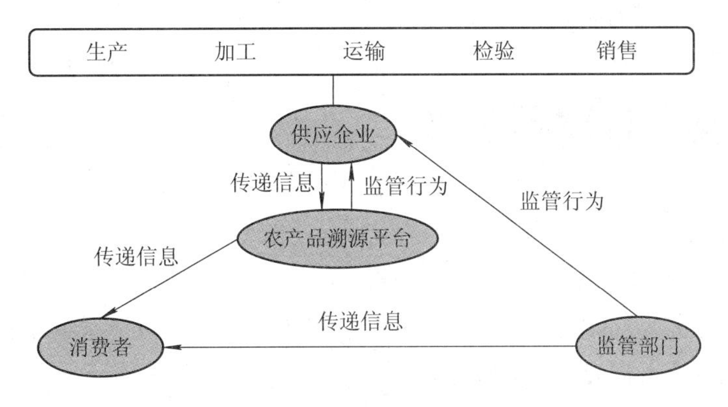

图 6-2　农产品溯源体系

供应企业提供农产品的溯源信息，保障所生产农产品的质量；消费者利用溯源信息，了解农产品的来源，并对农产品质量作出判断；监管部门监管农产品市场，整治违法违规行为；农产品溯源平台通过传感器监测、GPS/北斗定位、无线视频监控、RFID 识别、无线网络传输、大数据分析处理、二维码等技术实现农产品信息资源的采集、存储和共享。

2002 年，中国开始推动建设农产品质量安全溯源体系，随着溯源技术的发展，溯源体系建设的难度不断降低，但十几年过去了，完善的农产品溯源体系仍未建立起来，究其原因，主要有以下几点：

(1) 溯源管控不到位。在农产品质量事故发生时，可以快速确定问题产生的源头，这是农产品溯源的目的所在，但是市场上存在一些商家将溯源作为农产品宣传的噱头，使用虚假的溯源标签，欺骗消费者。

(2) 溯源信息不具体。很多农产品溯源码只供查询产品名称、生产日期、生产批次等基本信息，溯源价值不大。为真正发挥溯源的作用，需要将生产信息、加工信息、检验信息、流通信息等全部加入溯源标签，供消费者追溯查询。

(3) 溯源标准不统一。如何实现国家层面不同农产品溯源体系的协调融合，在生产主体多样化的情况下，如何形成共性和个性统一的追溯标准，溯源信息应该具体到何种程度，这些都是建设农产品溯源体系亟待解决的问题。

(4) 溯源平台建设难。实现全面溯源的关键在于建立起覆盖产品生产、加工、运输流通与消费所有环节的溯源平台，但是对于企业来说，自建溯源平台成本较高，缺乏自发追溯的动力，且平台权威性和公信力不足，企业交付数据存在不确定性；而政府筹建的溯源平台往往存在缺少企业内部真实信息，只能做到事后追溯等劣势。溯源平台建设需要政府和企业协调进行。

(5) 溯源体系推广难。很多消费者对溯源体系的认知、认可程度低，对实现农产品质量安全可追溯持怀疑态度；企业以可追溯为理由大幅度提高产品价格，让许多消费者望而却步；消费者利用溯源信息维护自身权益的意识薄弱，再加上终端追溯应用不够便利等问题，真正进行农产品溯源的消费者并不多。

6.4 区块链＋农产品溯源

6.4.1 区块链

区块链(Blockchain)是由多个共同发挥作用的节点组成的分布式数据库系统，是一种分布式账本技术(Distributed Ledger Technology, DLT)，其中的每一个节点都参与信息交易。

1. 区块链的特征

(1) 去中心化。区块链中的节点不需要由统一机构实行管理，所有的节点共同参与数据的记录、存储与维护。

(2) 节点自治。以规范和协议为基础，区块链节点之间的数据交换严格按照规定算法进行，能开展无条件的信息交互与协作。

(3) 信息开放。区块链系统并不是封闭的，除了节点的私有信息，其余信息都是公开透明的。

(4) 不可篡改。信息通过所有节点的验证后，被永久记录保存，具有高度的稳定性与安全性。修改数据需要通过区块链内超过 51%节点的认证，任何节点都无法单独对数据进行修改。

(5) 可被追溯。区块以时间顺序排列，并盖上了时间戳，所以区块链上的交易信息是连续且唯一的。区块之间以哈希函数为链条头尾相连，可以按连接顺序依次追溯区块中的交易信息。另外，参与者在交易过程中要进行私钥签名确认，交易信息被记录在案，如果交易出现问题，通过区块链可以精准识别问题环节。

(6) 身份隐匿。利用数字签名和公私钥加密技术，各区块节点进行交易时不用公开真实身份，而是以区块链的底层技术架构和协议为信任基础进行匿名交易。

2. 区块链的类型

(1) 公有区块链。公有区块链(Public Blockchains)是最早产生且适用范围最广的区块链。公有区块链完全去中心化，其中的所有交易数据都是公开的，用户访问网络和区块不需要经过注册和授权，读取数据、发送交易等的权限对所有用户开放，全网每一节点都有权参与其共识过程，因此公有区块链也被称为非许可链，其通过加密算法维护交易安全。然而，高度的去中心化限制了区块链的吞吐量和交易速度，参与交易的节点过多容易造成系统运行缓慢。

(2) 联盟区块链。联盟区块链(Consortium Blockchains)也叫行业区块链，部分去中心化。节点加入联盟链需要经过授权，且被设定了权限范围，通常只有部分被预选的节点拥有记账权限，其余未入选的节点则没有记账权限，只能参与交易，各节点根据权限查看信息，以此保护区块链内的信息安全。联盟链的节点数量比公有链少，因此其交易效率比公有链高，其中的每一个节点都承担着维护联盟链正常运行的责任。

(3) 私有区块链。私有区块链(Private Blockchains)去中心化的程度最低，保留了分布式特征，使用总账技术进行记账。私有链上的读写权限为个人或组织所有，交易数据只向内部开放，严格限制数据访问及编写，因此适合对业务有高保密要求的组织内部使用。另外由于节点不多且彼此之间达成共识的过程相对简单，修改规则或进行某一交易不用经过全部节点的验证，因而私有链在交易速度和交易成本方面具有明显优势。

3. 区块链在农业领域的应用

(1) 保障农产品溯源信息的真实性。区块链在去中心化的情况下，运用算法和技术架构建立起信任机制，在农产品安全溯源方面具有广阔的应用前景。将农业生产者、加工企业、物流企业、批发商、销售商等纳入区块链，各利益相关者利用物联网技术采集所处环节的信息，包括种植养殖、加工处理、物流配送、出入库管理等，并与区块链溯源平台对接。数据提供方在上传数据时需要签名确认，以明确数据来源和各环节的责任人，避免出现问题时无处追溯的情况；当数据信息通过区块链验证节点的验证后，则表示达成共识，正式以区块的形式储存在账本中；参与者在区块链上变更信息的过程是公开的，各方相互监督，保证信息无法被篡改。依托区块链溯源平台，公众通过扫描二维码等方式，即可追溯到真实的农产品信息，这也有利于溯源平台的进一步推广。

(2) 完善农业金融服务体系。结合区块链和物联网技术建立智慧农业公共服务平台，并将生产者、监管部门、金融机构纳入服务体系，农业生产者将生产信息传输至服务平台，实现信息共享，金融机构即可动态评估农业资产、农业生产情况，确定是否向农业生产者提供贷款、保险等服务。

6.4.2 基于区块链的农产品溯源系统

自农产品溯源体系建设以来，出现了许多农产品质量安全溯源系统，满足了消费者了解农产品信息的需求，但大部分溯源系统具有中心化的特性，数据中心被攻击、溯源数据被篡改的风险较大，于是出现了溯源与区块链相结合的溯源系统建设方向。

2017 年，“区块链+农产品”溯源应用开始在国外得到发展，美国某大型商超为保障农产品安全，选取部分农产品进行尝试，引入区块链技术开展生产管理，第二年，该应用也在欧洲地区得到了发展。国内也有企业应用区块链技术打造可追溯的跨境产品供应链，保障包括农产品在内的所有跨境产品的质量安全。区块链凭借去中心化、难篡改、可追溯的特性，可以有效保障溯源信息的安全，成为建设农产品溯源系统的重要应用技术和研究热点。

1. 区块链溯源的优势

(1) 区块链具有时序不可逆的特征，按照溯源信息发生的时序进行信息记录，可以回溯、定位溯源节点，确定责任主体。

(2) 区块链包含了去中心化的数个分布式节点，数据分布存储在各个节点内，经共识机制确认后才能进行数据上链、修改等操作，一定程度上保障了溯源链条上信息的真实性，防止出现为了规避农产品安全问题风险或逃避事故责任，随意篡改溯源信息的行为。

(3) 区块链实现了分布式数据共享，用户随时可以查询到所购买农产品的生产信息，可以有效提升信息透明度，解决信息传递闭塞、信息不对称、农产品可追溯性差等问题，提升溯源效率。

(4) 区块链引入智能合约，建立信息透明、匿名安全的信任机制，可实现溯源管理过程中价值信息的交换。

(5) 区块链应用于农产品溯源，大幅提升了数据的真实性、开放性和共享性，也有利于完善农业资产管理体系，为农业管理提供了新的思路。

2. 基于区块链的农产品溯源系统架构

不同区块链的数据开放程度有所差别，据此可以将区块链分为公有链、联盟链、私有链三种类型，建立农产品溯源体系一般采用联盟链形式，由若干节点共同维护系统正常运行。基于区块链的农产品溯源系统由以下几部分组成：

(1) 数据层。数据层集合了供应链主体上传的农产品溯源数据，这些数据是经过共识机制认证的，遵循非对称加密及传递机制，按照区块链数据格式规范存储在各数据区块中，并加盖了时间戳，以此保障数据安全。

(2) 网络层。网络层是连接不同网络节点的桥梁，节点之间通过构建网络、网络通信和身份验证实现对数据的安全传输。每个节点既是数据发送方，也是数据接收方，由此实现数据共享。

(3) 共识层。数据存储至区块链前需要先通过验证，让大部分节点能够共同认可数据的有效性，整个数据认证过程在共识层完成。共识过程需要遵循一定的机制，常用的有权益证明机制(Proof of Stake，PoS)、工作量证明机制(Proof of Work，PoW)、股份授权证明机制(Delegated Proof of Stake，DPoS)等。

(4) 合约层。合约层自动监管农产品供应链，与农产品相关的政策法规文件和供应链主体签订的农产品合同均以智能合约的形式存储在区块链中，所有节点共同认证合约的执行过程与执行结果，从而提升农产品溯源系统的可靠性。

(5) 应用层。应用层提供农产品的信息查询、质量安全追溯服务，包含区块链溯源系统的各种应用场景，如农产品供应企业平台、农产品溯源平台、农产品质量安全监管平台等。

3. 区块链溯源存在的问题及其发展方向

(1) 区块链能给链上的数据提供安全保障，但是其监管范围不能覆盖数据上链之前的其他环节，这些环节存在数据造假的可能性。即使这些数据是通过物联网方式获取的，也可能出现因物联网设备受攻击而导致的数据失真问题，物联网设备和终端数量急剧增加也给数据可靠性带来了挑战。因此，为了有效发挥区块链溯源系统作用，仍需对供应链上各数据采集环节加强监管，防止数据造假，从源头提升数据的可信度。

(2) 农产品供应链规模扩大必然伴随着农产品溯源系统数据量的增加，物联网设备实时传输与共享数据，需要区块链上各节点对区块进行验证，所以要扩大溯源系统的存储容量，提高系统稳定性和计算处理效率，使其与溯源数据处理需求相匹配。

(3) 构建完善的区块链溯源机制，不能仅仅依靠区块链和物联网技术，还需要综合应用人工智能、图像处理、大数据分析等技术，通过多种技术融合增强区块链溯源数据的共享和交换，提升溯源能力。

(4) 目前区块链农产品溯源系统研究和应用成本较高，落地难度大，要想真正推动区块链溯源，需要加强核心技术的研发与创新，打造成熟的应用示范案例，并逐渐降低应用成本。

6.5 农产品仓储管理

农产品仓储管理溯源是农产品溯源流程中极其关键的一个环节，为实现农产品仓储管理溯源，需要对农产品仓储管理过程进行数字化监控，并将所得信息上传至溯源系统。农业食品占了农产品的绝大部分，且其质量安全与人体健康息息相关，对农业食品仓储管理环节进行数字化监控也因此显得尤为重要。

6.5.1 农业食品仓储管理系统

1. 情况介绍

食品安全与社会、经济、个体息息相关，虽然食品安全执法监管力度在不断加大，但还是有诸如毒大米、苏丹红、瘦肉精、地沟油之类的严重食品问题出现。除了谴责谋取私利者有意所为之外，更应该关注食品生产的全过程，解决各个环节实际存在的问题：大量的人工操作存在于食品生产、质量检测等环节中，出错概率大；食品生产、加工、流通、销售过程之间没有实现充分的信息共享，监管难度大；消费者了解食品信息的渠道少，所能获取的信息量小。为了保障食品的质量安全，建设食品自动化生产管理体系尤为重要，其中也包括食品仓储过程的自动化管理。

2. 系统功能

对粮食、冻肉、食用油等食品进行信息化仓储管理的流程分别如图 6-3、图 6-4、图 6-5 所示。

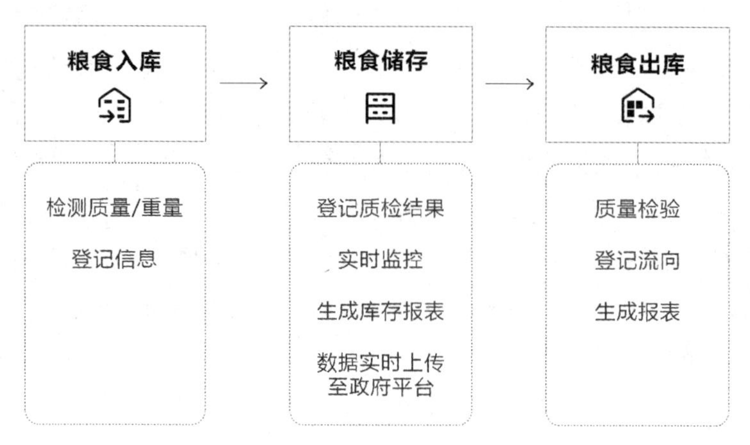

图 6-3 粮食仓储管理系统的流程简图

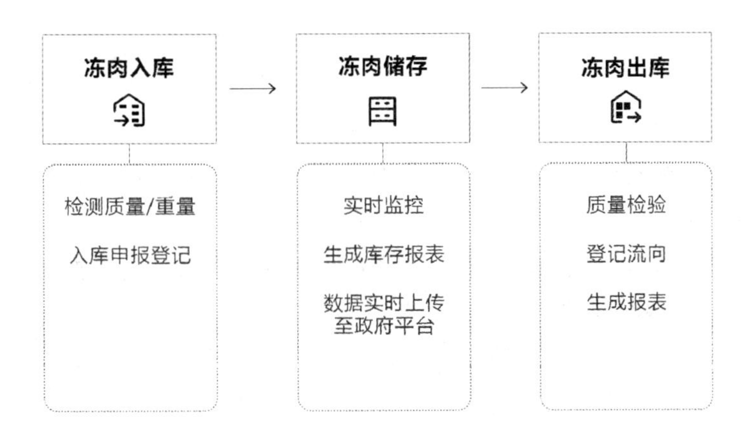

图 6-4　冻肉仓储管理系统的流程简图

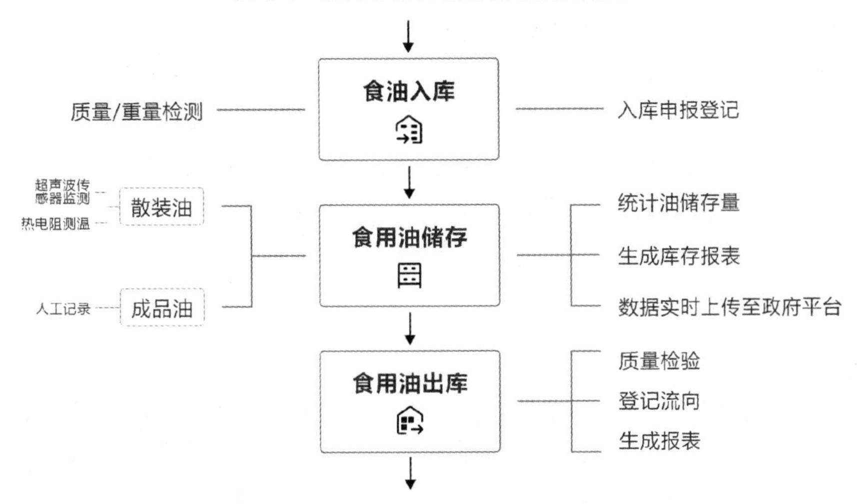

图 6-5　食用油仓储管理系统的流程简图

综合来看，农业食品仓储管理系统的具体功能包括：

(1) 出入库信息管理。对食品出入库过程进行引导、控制和监管，在出入库环节识别食品信息，功能模块主要包括身份自动识别、出入库时间记录、结算管理等。可解决的实际业务问题包括：出入库流程标准化、规范化；各岗位共享作业环节信息，减少人工统计等烦琐操作；按照法规、企业制度规定的业务流程自动引导出入库作业。

(2) 质量信息管理。记录食品基本信息，从来源、检疫、监控等环节对食品进行精细管理。

(3) 仓库传感器监测。利用传感器对食品仓储过程中的温度、湿度、CO_2 等进行实时高精度监测，通过无线传感器网络将数据发送到监控中心。

(4) 仓库远程视频监控。视频监控设备将实时、全方位监控食品仓库内部情况，企业管理人员和政府监管部门可以通过系统平台远程观看食品仓库内部的视频画面。

(5) 报警信息管理。报警信息管理系统与智能监控系统集成，自动分析所采集的数据，发现异常及时发出警报，针对不同级别警情给出相应的解决方案。管理人员可以在系统中设置报警图示，以便根据图示及时辨别具体问题。

(6) 统计报表。食品业务管理系统按期生成食品信息总览、经营统计报表、出入库统计报表等多种统计报表，管理人员可以查找历史报表，查看相应统计信息。

(7) 权限管理。政府监管部门通过平台可以查看仓库相关信息；企业管理人员可以对各个生产环节进行把控，包括查看食品出入库信息及关键数据报表。

(8) 数据共享。实现食品仓储管理平台和与商务部平台之间的数据对接，实现食品出入库记录、仓库监控视频、移动巡检记录等主要信息综合展示，方便相关人员随时随地了解实时动态。

(9) 数据库建设。将食品仓储管理各个环节所产生的数据统一存储在数据库中，相关用户均可以连接数据库平台，获取所需要的信息。以数据为基础发展食品仓储管理应用，通过业务协同、数据挖掘等逐步实现信息共享、信息处理、决策支持三个层面的有效利用。

(10) 库存信息管理。按产地、品种、收获年份、入库时间等对食品进行分类，记录具体信息，实时获知食品库存变化，了解各储备点规模指标的完成情况。

(11) 安全生产管理。监控食品仓储管理各环节的操作流程以及所使用的设施设备，以便及时排查安全隐患。

3. 系统建设细节

1) 基本功能实现

(1) 建立数据采集系统，获取仓库的实时数据，对系统进行优化，提高数据采集的稳定性和准确性。

(2) 搭建无线传输网络，将采集的数据传输到 Web 数据管理中心，完成数据转换。

(3) 搭建 Web 软件平台，开发手机 APP，实现数据实时查看及设备远程控制功能。

2) 数据中心及机房搭建

(1) 数据库选型，数据库搭建、调试和测试，接入硬件设备采集的全部数据。

(2) 服务器、交换机、网络、UPS 等设备的选型、购置。

(3) 对网络平台和数据库进行优化，扩大服务器容量，以满足实时处理、分析数据的需求。

3) 软件平台及 APP 需求实现

(1) 搭建 Web 软件平台，完成各操作界面的设计、开发、调试和测试。

(2) 开发 APP，完成各操作界面的设计、开发、调试和测试。

(3) 将各监测点的数据接入 Web 软件平台，完成相关开发、调试和测试。

(4) 在 APP 端接入后台数据，完成相关功能的开发、调试和测试。

(5) 针对 Web 软件平台功能进行优化。

(6) 针对 APP 界面及相关功能进行优化。

(7) 搭建无线传输网络并进行调试、测试，通过4G和WLAN网络实现低成本、大范围、实时、高可靠性的数据传输。

(8) 各系统联调后进行系统功能及其安全性、可靠性测试，对系统进行进一步优化。

6.5.2 智慧粮仓在线监测

1. 情况介绍

建设智慧粮仓储备粮食，对调节粮食市场、保障粮食安全起着至关重要的作用。为了全面提高粮食仓储管理的智能化水平，必须深化信息技术在各仓储管理环节的应用。粮食仓储管理过程主要存在以下几个问题：

(1) 大米霉变现象严重，依靠人工观察判断大米质量。

(2) 没有对粮仓内的磷化氢、粉尘、CO_2等参数进行规范监测，存在明显的安全隐患。

(3) 使用的监测系统在进行数据采集、传输、处理时存在稳定性、实时性、准确性等方面的问题。

2. 目的

通过系统平台和APP同步实时监测粮仓环境中的CO_2、温度、湿度、磷化氢、粉尘等参数。当环境指标超出正常范围时，系统平台或APP会及时提醒用户进行处理。对采集的海量数据进行深度分析与数学建模，为粮仓管理提供依据。

(1) 大米霉变监测。霉变产生的主要原因是潮湿，大米水分含量增加使霉菌和虫卵滋生，导致大米变质。大米霉变时会产生异味，出现硬度下降、透明感增加、脱糠、起眼、起筋等现象，还会产生黄曲霉毒素等剧毒物质。大米出现霉变现象时由于黄曲霉的呼吸作用，CO_2的含量会增加，所以使用CO_2传感器实时监测粮仓内的CO_2浓度；米粒会“出汗”，因此使用湿度传感器监测粮仓内的湿度变化；大米霉变异丁烷、甲醛等的含量会有所上升，可以使用相应的传感器对这些物质进行监测。通过这些监测方式获取实时数据，发现异常及时处理，防止大米发霉。

(2) 磷化氢含量监测。磷化氢无色、易燃，带有剧毒，在粮食中的残留形式可分为气态残留、液态残留、固态残留三种，其中磷化氢气态残留是指磷化氢以分子形态存在于大米表面，这部分残留是可逆的，通过通风散气可以去除。因此使用固定式磷化氢检测仪对磷化氢进行检测，当磷化氢含量超标时，系统自动启动通风设备，从而减少气态磷化氢残留。

3. 系统架构

(1) 感知层。该层负责感知粮仓环境信息，通过传感器将粮仓中的物理量信息转变为可处理的数字化信息，实现对粮仓环境的实时监测。

(2) 传输层。该层负责将传感器采集到的信息，运用无线传感器网络、ZigBee、Mesh

WLAN、以太网网关等各种网络技术进行汇总，以便大数据平台进行后续分析处理。

(3) 处理应用层。该层的主要任务是处理、分析和发布所接收的信息，从而将粮仓内的温度、湿度、CO_2 浓度、粉尘含量等客观情况转换成直观的数据。该层是物联网系统的终端层，将数据投入应用，构建直接面向用户的应用系统。用户可以在 PC 端或手机端查看监测数据，控制粮仓监测设备及环境调节设备。

4. 系统功能

(1) 监测粮仓内的环境参数变化情况，降温、除湿设备的启停由设置好的专家算法判断，捕捉最佳时机进行储粮降温、除湿。

(2) APP/系统平台界面上展示实时的监测数据，随时间变化自动更新，当环境参数值超过后台设置的正常参数值时，系统会自动发出警报；通过 APP/系统平台可查看粮仓环境监测设备的运行情况，绿色表示正常，红色表示异常。

(3) 通过 APP/系统平台查看粮仓监测设备的运行状态，为控制设备开关提供接口。

(4) 可查看环境参数数据的历史记录，历史记录以折线图形式呈现。

第 7 章　物联网农业种植

7.1 基于物联网的种植管理系统

为满足农业种植过程可视化、环境监测智能化、作物管理规范化、设备控制自动化等的需求，需要根据应用实际建设不同对象类型的物联网系统进行生产管理，主要有以下几种：

1. 设施环境综合监测调节系统

农业种植设施环境通常指的是温室，设施环境综合监测调节系统能够根据所采集的种植环境数据和温室农作物的生长需求，对灌溉、通风、遮阳、补光、降温等设备进行智能控制，自动调控温室内的环境，为温室农作物创造适宜的生长条件。该系统可实时检测、记录这些自动化设施的位置及运行状态。

2. 农作物生理生态信息监测系统

农作物生理生态信息监测系统中包含各种类型的农作物生理监测传感器，将这些传感器放置在所需监测农作物的相应位置，即可对农作物生长过程中的生理参数(如茎流、叶面温度、叶面湿度等)进行实时、连续监测；同时使用环境监测传感器监测农作物种植区域的气象、土壤等环境参数。传感器采集的数据通过无线传感网络传输至系统平台进行存储、分析，为种植管理人员提供环境调控、灌溉施肥等方面的决策辅助。

3. 智能灌溉系统

物联网智能灌溉是一种高效节水的灌溉方式，系统功能的实现依赖于传感器、自动控制、计算机、无线通信等技术的联合作用。无线传感设备实时监测土壤含水率并将数据同步上传至后台，采集过来的数据经软件平台分析处理后反馈到控制中心，实现智能灌溉。灌溉过程中可以根据农作物种类和土壤、光照等条件优化灌溉环节，节约资源，提高效率。农业生产现场的智能灌溉监测传感器如图 7-1 所示。

图 7-1　智能灌溉监测传感器

4. 水肥一体化系统

水肥一体化系统以前端获取的数据为依据，与后台控制系统相适应，满足农作物生长的水肥需求。图 7-2 为一体化水肥机结构图。

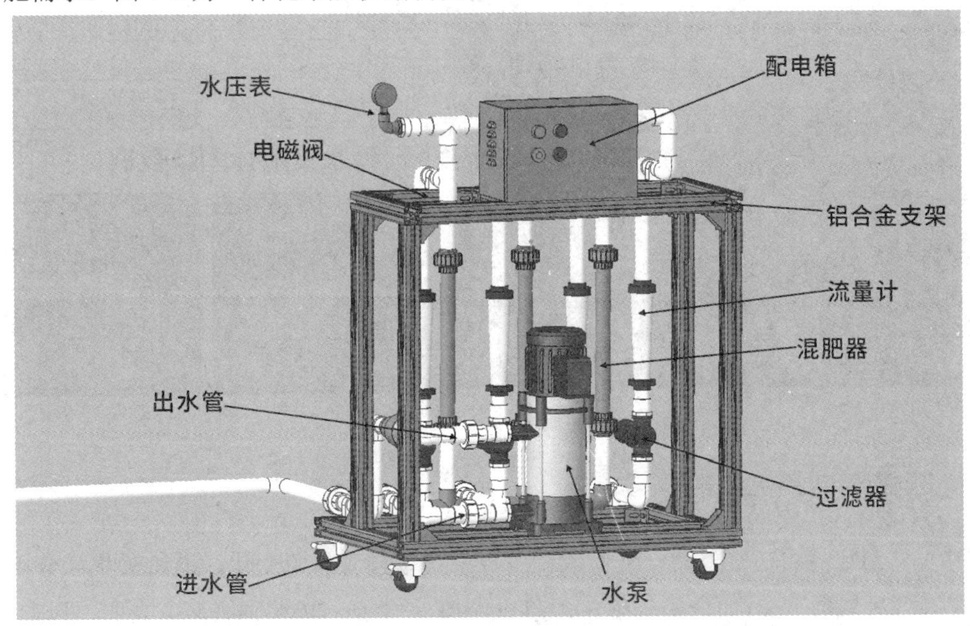

图 7-2　一体化水肥机结构图

5. 远程视频监控系统

远程视频监控系统能够将监控画面及时、形象、真实地展现出来，实现对现场的远程的实时监控。只需一名工作人员在控制中心操控，就可以远程同时观察多个控制区域，发挥系统的远程监控功能。图 7-3 和图 7-4 分别为苗情远程监控界面和虫情远程监控界面。

图 7-3　苗情远程监控界面

图 7-4　虫情远程监控界面

6. 智慧农田气象站

图 7-5 为智慧农田气象站。智慧农田气象站可以预警气象变化，通过采集、分析、显示、存储各种气象要素(如太阳辐射、温度、湿度、气压、降水、风速、光照、风向等)，降低观察人员的劳动强度，提高观察效率，为分析、研究农作物生产提供可靠的信息依据，便于结合实际采取生产措施。采集的信息可以通过无线模块或组网发送到后台。

图 7-5　智慧农田气象站

7. 病虫害防治系统

臭氧在常温下可以还原为氧气，所以使用臭氧进行病虫害防治不会对农作物造成污染。用植保机搭载臭氧高压雾化喷头系统，向温室中种植的农作物喷洒一定浓度的臭氧水，雾化臭氧均匀弥散到整个温室空间，可以有效消灭病菌和虫卵，达到防治病虫害的效果。

智慧物联网杀虫灯(如图 7-6 所示)充分利用昆虫的趋光性，发出敏感光源以诱杀害虫，相关感知数据通过无线传输的方式发送至物联网监测平台。在物联网监测平台上能够获知杀虫灯的地理位置、运行情况，通过操控可以有效利用远程硬件终端和系统进行杀虫，预防和控制虫害，同时减少农药使用量，节约种植成本，降低农产品、土壤、水源等被污染的风险。

图 7-6　智慧物联网杀虫灯

8. 网站监测系统、APP 监测系统

网站监测系统、APP 监测系统均具备种植环境数据获取、历史数据记录等功能，还可以实时查看现场环境，对相关设备进行控制。

1) 物联网种植管理平台

(1) 数据监测。在物联网种植管理平台数据监测模块可以查看种植区域的土壤、水质、气象等参数数据，选择相应的传感器及时间还可以查看某一项参数的数据变化趋势图，也可以将图片下载保存。图 7-7 所示为土壤监测界面。

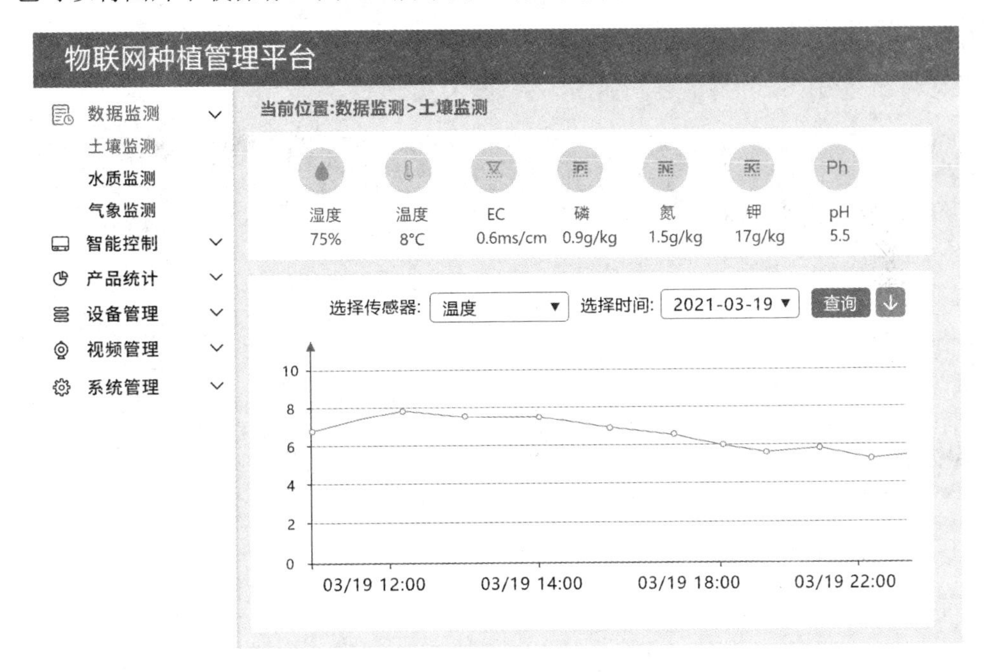

图 7-7　土壤监测界面

(2) 智能控制。在智能控制模块可以对水肥一体机等设备进行智能控制，如控制水肥一体机完成浇水、施肥、搅拌等操作，平台自动记录操作执行的情况。水肥一体机智能控制界面如图 7-8 所示。

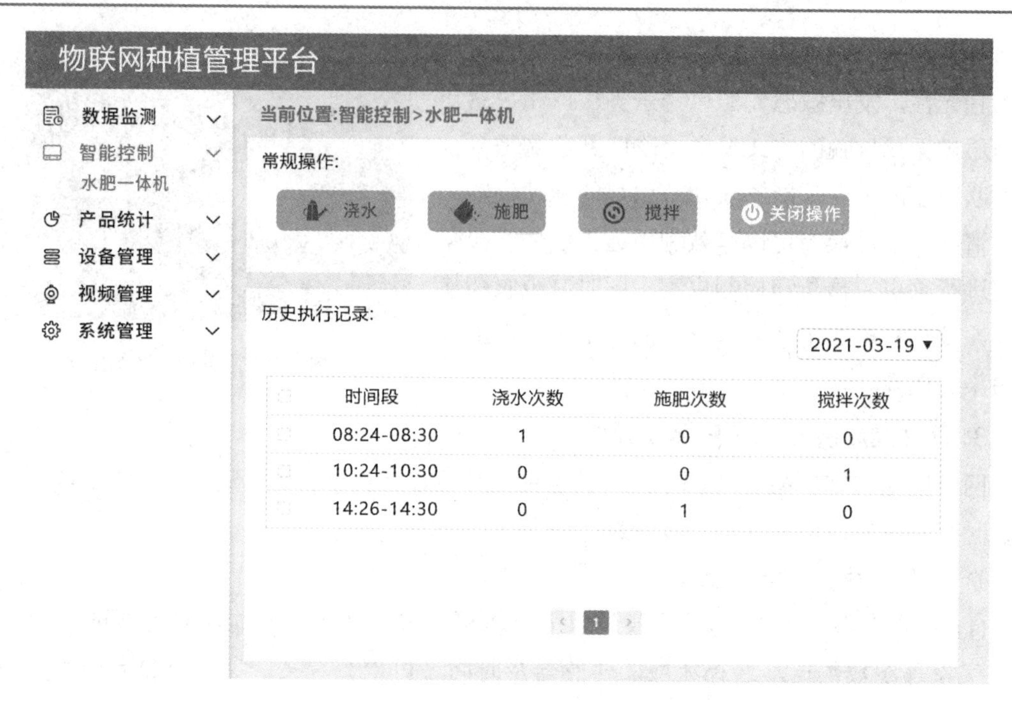

图 7-8　水肥一体机智能控制界面

(3) 产品统计。在产品统计模块可以对产量及出产情况进行统计，也可以导出数据。产量统计界面和出产统计界面分别如图 7-9、图 7-10 所示。

图 7-9　产量统计界面

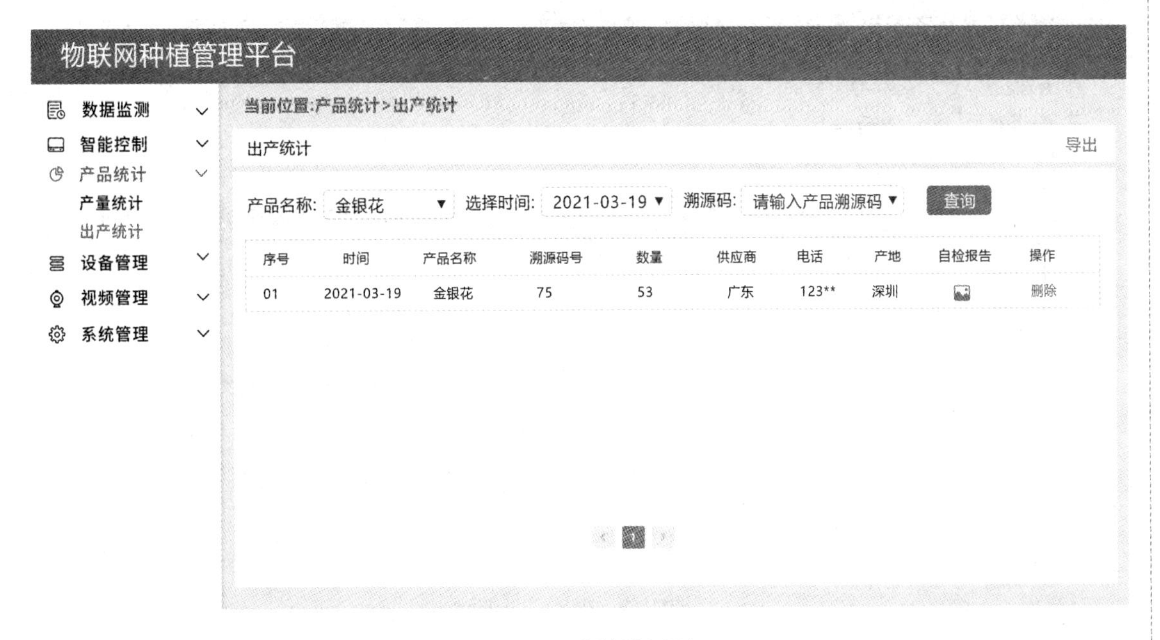

图 7-10　出产统计界面

(4) 设备管理。在设备管理模块可以设定报警阈值，当传感器监测的气象、土壤、水质等相关参数数值超出阈值范围时，平台会自动报警，报警情况自动记录在报警日志中。阈值设定界面和报警日志界面分别如图 7-11、图 7-12 所示。

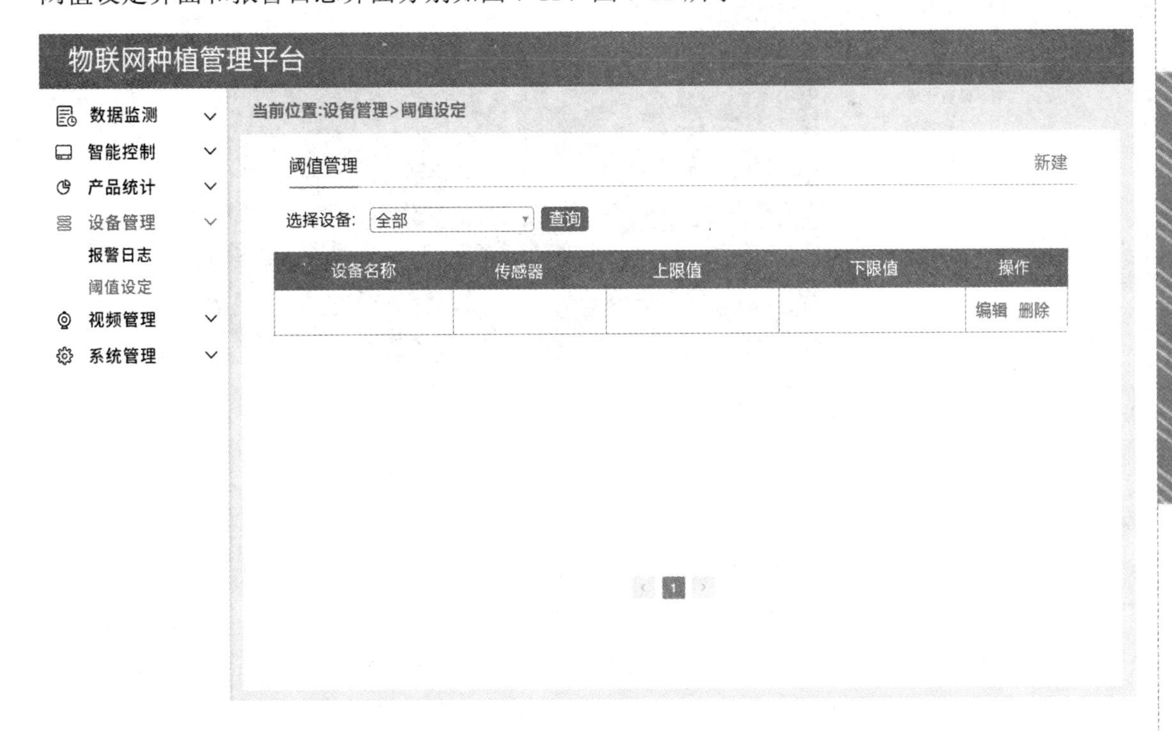

图 7-11　阈值设定界面

图 7-12　报警日志界面

(5) 视频管理。在视频管理模块可以查看种植现场的视频监控画面，完成截图、录像、电子放大等操作。视频管理界面如图 7-13 所示。

图 7-13　视频管理界面

(6) 系统管理。在系统管理模块可以对权限、角色、日志进行管理。其中，操作权限分为控制和查看两种，权限模块包含数据监测、智能控制、产品统计、设备管理以及视频管理，在添加成员时可对成员角色、权限、权限模块等进行设置；角色可以任意添加或删除；人员在平台上的操作情况均记录在日志中。权限管理、角色管理、日志管理界面分别如图 7-14 至图 7-16 所示。

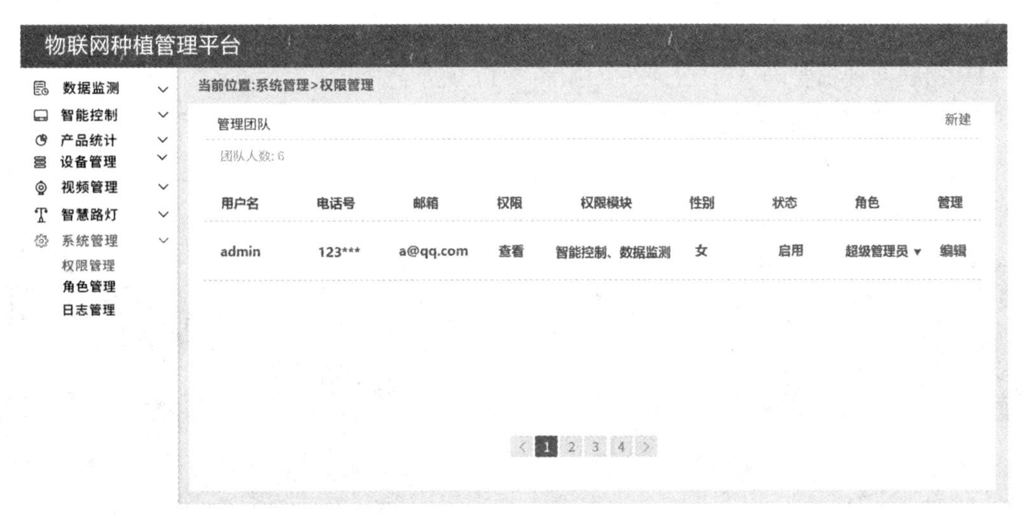

图 7-14　权限管理界面

图 7-15　角色管理界面

图 7-16　日志管理界面

2) 物联网种植管理 APP

(1) 物联网种植管理 APP 登录界面如图 7-17 所示。

(2) 数据监测。可实时监测温度、湿度、光照、CO_2 等气象参数，还能监测温度、湿度、pH、电导率等土壤参数，以及水温、溶解氧、氨氮等水质参数。环境参数监测界面如图 7-18 所示。

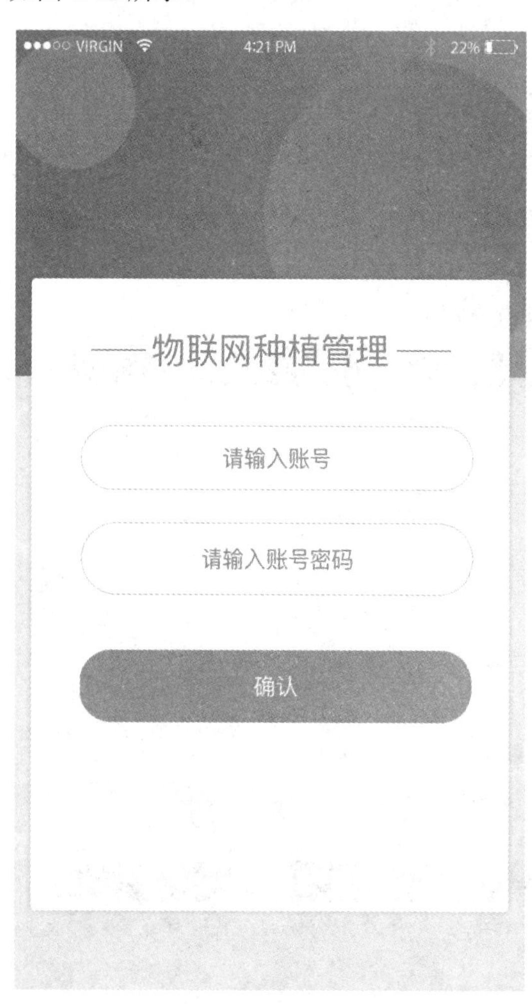

图 7-17　物联网种植管理 APP 登录界面

图 7-18　环境参数监测界面

(3) 摄像监控。设备在不断电和不断网的情况下可以 24 小时对现场农作物进行监控，视频通过网络连接到视频转换器，视频转换器对接收到的视频数据进行压缩、解析和传输，再将视频通过后台处理后传到管理人员 APP 上进行播放。视频监控界面如图 7-19 所示。

(4) 智能控制。在智能控制模块可以进行设备控制和阈值设定操作，实现对种植环境和种植设备的远程管理。智能控制界面如图 7-20 所示。

图 7-19　视频监控界面

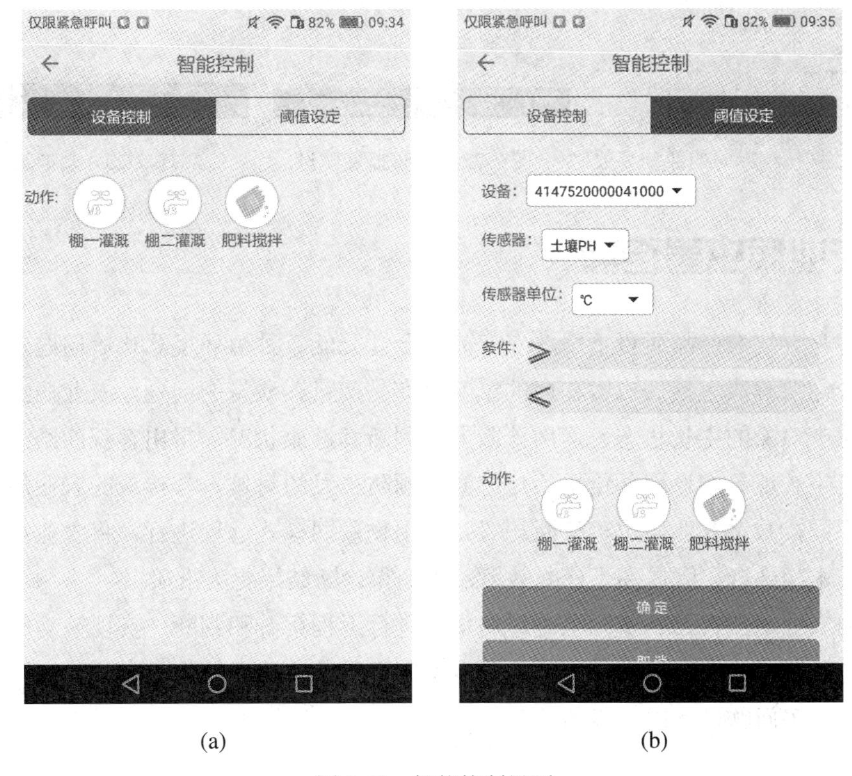

图 7-20　智能控制界面

(5) 数据统计。汇总温室、大田中的温度、湿度、光照、风速、降雨量等环境参数数据，形成变化趋势图。数据统计界面的部分参数如图 7-21 所示。

(6) 当传感器所感知的参数超过设定的阈值时，系统会自动报警，报警信息可以实时在 APP 上更新显示，如图 7-22 所示。

(7) 功能展示界面如图 7-23 所示，其中包含图片列表、历史数据、智能控制、摄像监控、执行历史等功能。

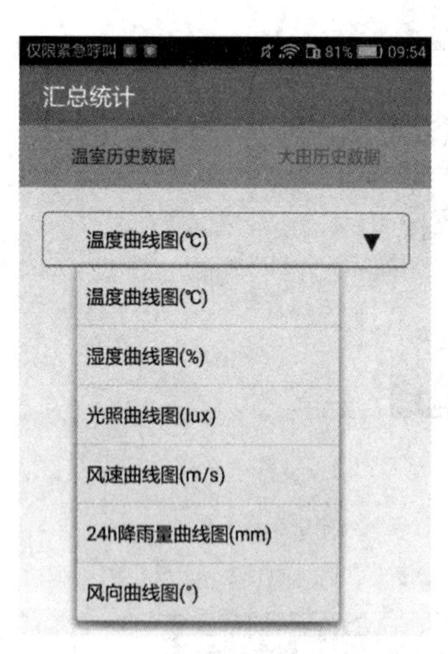

图 7-21　数据统计界面的部分参数

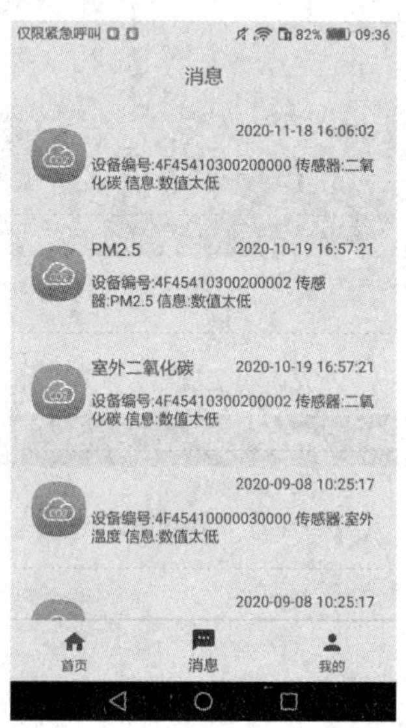

图 7-22　实时报警信息

图 7-23　功能展示界面

7.2　农业病虫害诊断

病虫害易导致农产品质量下降、农产品安全性降低、种植环境恶化等问题，为保障种植户收入，需要解决包括病虫害在内的影响农产品产量、质量的问题。农业病虫害诊断指分析农业生产对象的生长状态，运用诊断方法判断其健康状况，得出客观的结论，同时找出出现不良生长现象的原因并给出治疗方案和预防再发的对策。与传统的农业病虫害田间诊断方式不同，数字农业病虫害诊断一般是采用物联网模式远程进行，将农业病虫害诊断与信息化技术相结合，既提高了诊断效率，也使得诊断结果更为准确。

物联网农业病虫害诊断实际上是对病虫害进行远程察看和判断，实现该功能需要建设智能化系统，包括病虫害远程诊断系统和专家咨询系统，后者作为前者的补充，对前者未能解决的病虫害问题进行进一步的处理。

1. 病虫害远程诊断系统

病虫害远程诊断系统能够自动诊断病虫害，整个过程包含信息采集、传输、处理、应用四个环节，其中信息采集所使用的设备主要是传感器和摄像头；信息传输由无线传感网络、移动通信网络完成；中心平台接收、处理信息后，提供与病虫害诊断相关的应用服务。病虫害系统的诊断流程如图 7-24 所示。

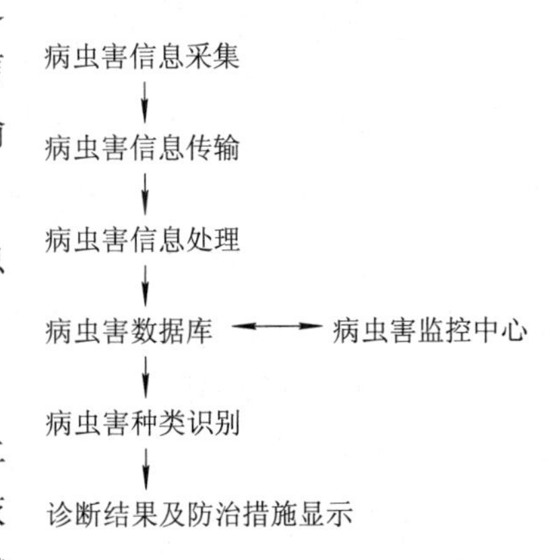

图 7-24　病虫害系统的诊断流程

1) *农作物生长环境及病虫害数据采集*

环境监测传感器采集农作物种植区域的气象、土壤、水质等环境数据，作为病虫害成因分析的部分依据；病虫害数据主要是作物茎流传感器、叶面温度传感器等农作物生理信息监测传感器采集的农作物生理特征数据，以及摄像头采集的图像数据，所有数据均作为病虫害诊断的原始依据。

2) *病虫害数据库建设*

病虫害数据库是病虫害自动诊断得以实现的关键，将采集的病虫害数据与病虫害数据库中的信息进行比对，由此实现系统对病虫害的自动识别。病虫害数据库中通常包含各种类型的农业病虫害案例及相关专业知识、防治措施，其中农业病虫害案例一般来自病虫害监控中心。当有新型的农业病虫害被发现与诊断时，病虫害数据库也随之进行更新。

3) *病虫害诊断*

病虫害自动诊断最关键的步骤是病虫害图像识别，所使用的技术是图像处理技术。从图像中提取出病虫害特征后，如果能在数据库中找到与之相匹配的数据信息，系统即可确定病虫害类型，同时给出相应的防治措施。

2. 专家咨询系统

当在病虫害数据库中无法找到与病虫害特征相匹配的病虫害信息时，就需要采用向专家咨询的方式对问题加以解决。种植管理人员和专家通过计算机终端或手机终端登录专家咨询系统，种植管理人员以文字、图片等形式向专家说明病虫害情况，专家根据这些信息，结合自身所具备的专业知识，给出诊断结果和防治措施。病虫害专家咨询诊断流程如图 7-25 所示。将病虫害案例信息上传至数据库，当该病虫害再发生时病虫害远程诊断系统即可对其进行自动识别。

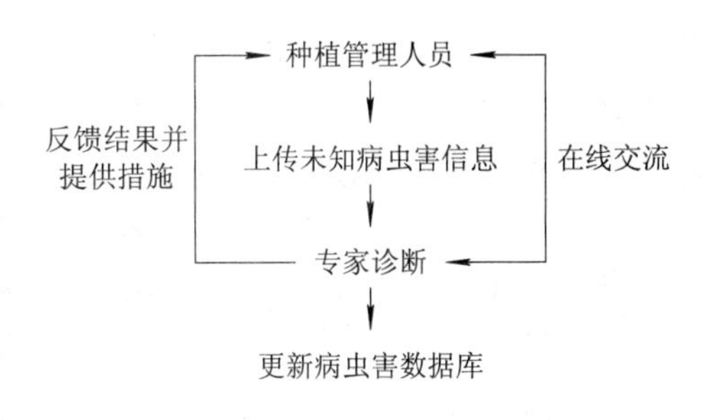

图 7-25　病虫害专家咨询诊断流程

7.3 智能补光系统

温室大棚常用于农作物的非应季种植，通过人为干预创造适合农作物生长的环境，增加产量。光照对农作物生长的各个时期均具有明显影响，农作物的出产时间、产量、质量都与种植时期的光照条件有密切联系，由此光照也成为了温室环境调控不可忽视的因素。光照强度易受季节更替、天气变化的影响，为避免光照不足危害农作物正常生长，需要不断研发、更新温室补光设备。物联网智能补光系统是适用于温室补光的先进应用，能够帮助种植人员及时发现并处理农作物种植过程中的光照问题。

1. 系统组成

智能补光系统是集光照监测、光照调控、数据存储及显示等功能于一体的智能化系统，包含补光、通信、终端三个模块。补光模块由相连接的光照信息采集设备、补光灯、补光控制器组成，用于监测温室光照强度的设备是光照传感器，LED 灯用于农作物补光，补光控制器调控补光灯完成补光操作。通信模块的信息传输由无线传感器网络、移动通信网络完成。终端模块包含数据库服务器、应用服务平台(Web 服务器/手机 APP)，数据库服务器存储前端采集的光照信息，应用服务平台可以显示实时数据、监控设备运行状态、发布控制命令。

2. 系统工作原理

温室大棚里布设的光照传感器采集实时的光照信息，数据经无线传感器网络或移动通信网络传输到应用服务平台进行显示，用户根据大棚里的实际光照条件，考虑农作物品种、生长阶段及与其相应的光照指标，在应用平台发布操作指令。应用平台服务器将指令发送至数据库服务器，后者进行数据处理并将处理结果发送至补光控制器，控制补光灯的启停。

日常采集的光照数据在数据库中进行统一存储，作为分析植物生长所需光照条件的依据，为不同植物或处于不同生长阶段的同一植物设计合理的补光方案，实现智能补光。用户在终端应用平台可以下载并保存历史数据，查看光照变化历史趋势图，直观分析温室内的光环境变化情况，结合补光数据，科学制定下一种植阶段的补光计划。

7.4 农作物种质资源管理平台

1. 情况介绍

建设农作物种质资源管理平台后，农作物种质资源收集、评价、筛选、利用等环节均有新兴农业信息技术参与，气象、土壤、水质等参数的监测也可实现，从而为农作物生产提供可靠的参考数值，提高农业资源利用率和劳动生产率，促进生物育种成果转化，节约生物育种成本。农作物种质资源管理平台架构如图 7-26 所示。

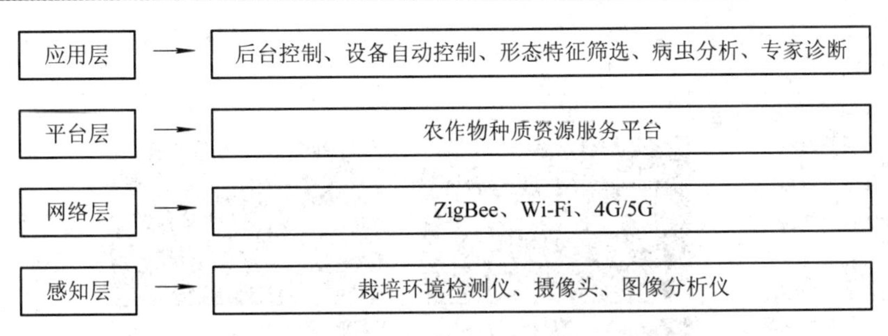

图 7-26　农作物种质资源管理平台架构

2. 可实现功能

(1) 农作物种质资源栽培环境监测。在栽培现场布设小型农田气象站、水质监测仪、大棚空气监测仪、土壤监测仪等设备，监测农作物种质资源栽培环境的气候状况、水肥情况、空气成分、土壤墒情等信息。农作物种质资源管理平台环境监测界面如图 7-27 所示。

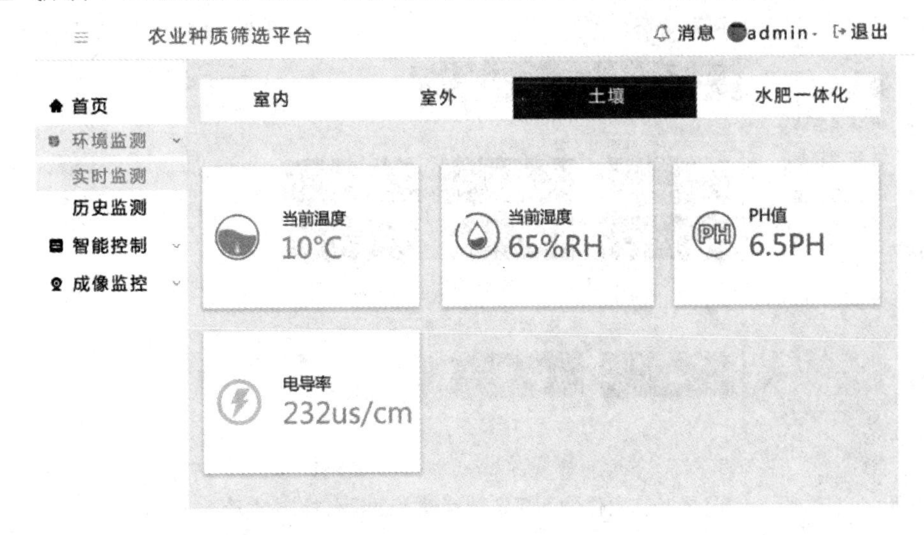

图 7-27　农作物种质资源管理平台环境监测界面

(2) 无线远程视频监控。视频监控系统实时监控农作物种质资源生长发育及病虫害状况，管理人员可随时随地通过手机或电脑观看现场实际影像，可控制旋转云台和变焦。系统每隔一段时间都会截取、保存监控图片，供后期回看。农作物种质资源管理平台视频监控界面如图 7-28 所示。

病虫害分析系统和植株在线分析系统通过分析监控系统采集的视频数据，提供与种质资源生物学特性、植物学特性、病虫害情况相关的信息，采集和分析得出的全部信息均可作为农作物种质资源筛选、评价的依据。

(3) 自动控制农业设备。结合种质资源专家库的标准设定设备的启停条件，根据种质资源栽培环境监测、视频监控所得的信息，实现相关设备的自动开启与关闭，使资源得以充分利用，为种质资源生长创造最适宜的条件。农作物种质资源管理平台设备控制界面如图 7-29 所示。

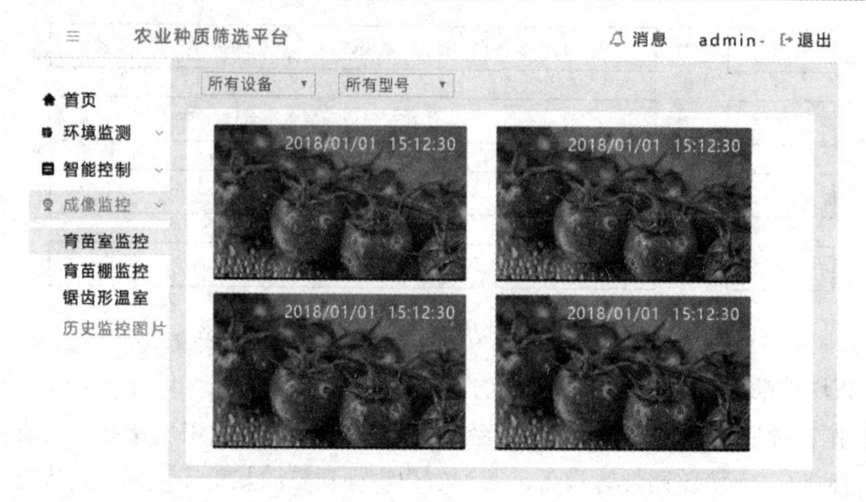

图 7-28 农作物种质资源管理平台视频监控界面

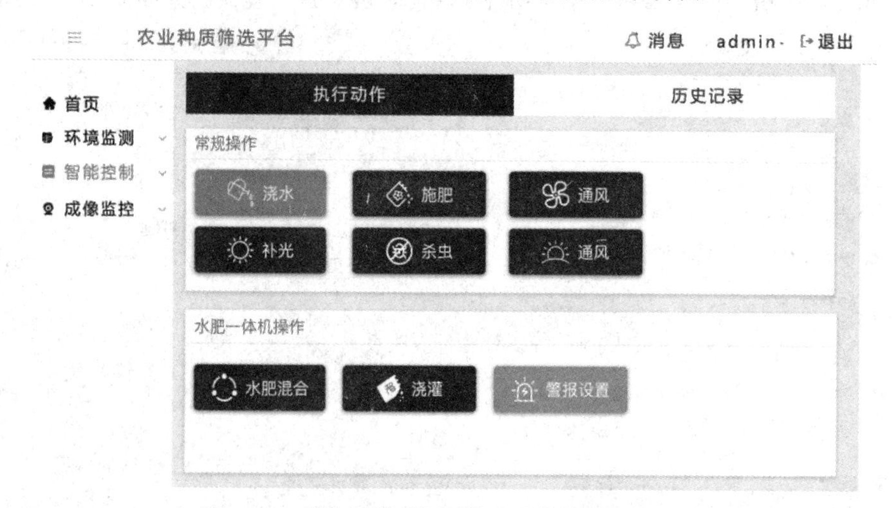

图 7-29 农作物种质资源管理平台设备控制界面

(4) APP 展示。将监测数据及视频信息查看、设备控制、历史记录查询等功能置于APP上，便于操作，从而提高相关人员的工作灵活度。

(5) 信息发布和应用。在系统后台可以查看所有与农作物种质资源栽培相关的数据、图片、视频信息，当出现紧急情况时可接收报警信息。利用这些信息建设农作物种质资源数据库，并将这些数据投入种质资源溯源信息库。

3. 现实意义

智慧型农作物种质资源管理平台提高了种质资源栽培管理的信息化水平，创造了实时管理、精准栽培、智能决策的有利空间。通过建立信息共享机制，农作物种质资源管理平台中的数据信息可为其他地区的种质资源栽培工作提供参照，同时可以开展高新种植技术示范，为各地种质资源栽培开拓新思路，以技术推广打破地域、气候等限制，为农业发展培育新的经济增长点。

第 8 章　物联网水产养殖

8.1 物联网与现代水产养殖业的结合

传统的水产养殖模式对人力劳动的需求量大，养殖设备简单且数量少。养殖人员获取养殖信息的方式极为有限，主要依赖于人工测量，这个过程耗时耗力但效益不高，难以保证养殖信息的实时性和准确性。在养殖过程中，多以过往养殖经验作为决策依据以开展养殖工作，缺乏统一的养殖标准和流程。养殖方式、设备、标准等各方面的局限导致水产养殖效率低下，难以进行规模化、产业化生产布局。

物联网水产养殖大大减少了对人力成本的消耗，通过布局传感器网络可以实时、快速、准确地采集水产养殖相关数据，经分析处理后作为智能管理与控制的依据。物联网是现代水产养殖业的重要支撑，能够克服传统水产养殖模式的弊端，对促进水产养殖业信息化，提高智能化、自动化、规模化水平起着至关重要的作用。物联网水产养殖管理规划如图 8-1 所示，其中云平台是物联网水产养殖的中心平台，提供数据存储、处理、分析等服务。物联网水产养殖云平台分层模型如图 8-2 所示。

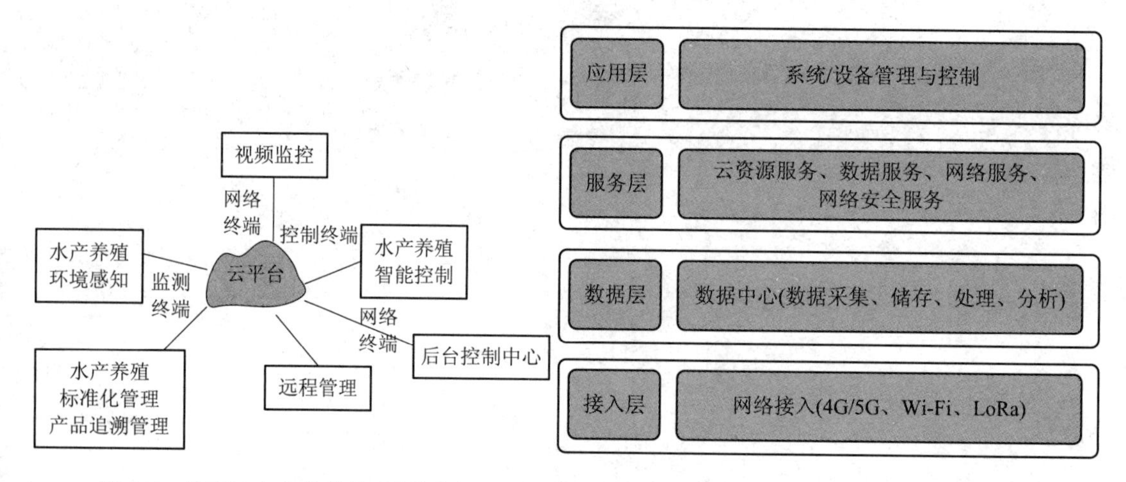

图 8-1　物联网水产养殖管理规划图

图 8-2　物联网水产养殖云平台分层模型

具体而言，物联网在水产养殖业中的应用包括：

(1) 环境信息采集和控制。实时监测水产养殖环境，采集水温、pH、氨氮、溶解氧、电导率等水质参数数据，并进行自动化调节，以达到改善水产养殖环境、增加水产养殖量的目的。

(2) 水产养殖对象监测。监测水产养殖对象的生活习性、生长状态，掌握其健康状况，及时处理病害情况，改善产品品质，提高经济效益。

(3) 水产养殖设备自动控制。利用传感器感知水温、氧气等参数，恒温、增氧等管理系统根据具体情况自动控制相关设备阀门的打开与关闭，实现自动调温、增氧等功能。

(4) 水产品安全溯源。以 RFID、二维码等技术对水产品进行标识和管理，监控整

个养殖生产过程，记录有关信息，以便消费者、企业、水产品质量安全监管方追溯产品信息。

此外，物联网也可广泛应用于水产品储存、冷链运输等环节中。

8.2　水产养殖水质安全监测

水质安全是发展水产养殖业必不可少的条件，人工观察水质情况的准确率低，采取水样本进行实验室检验的效率低，而使用物联网水质监测系统监测水环境，可以实时采集水质参数数据，为水环境管理提供准确的数据依据。

1. 水质监测系统及其功能

水质监测系统前端各传感设备采集水质数据，上传至后台，后台提供高效的数据统计、查询、分析、挖掘等功能，再根据体系指标，实现智能化、标准化的水质管理。水质监测系统架构如图 8-3 所示。

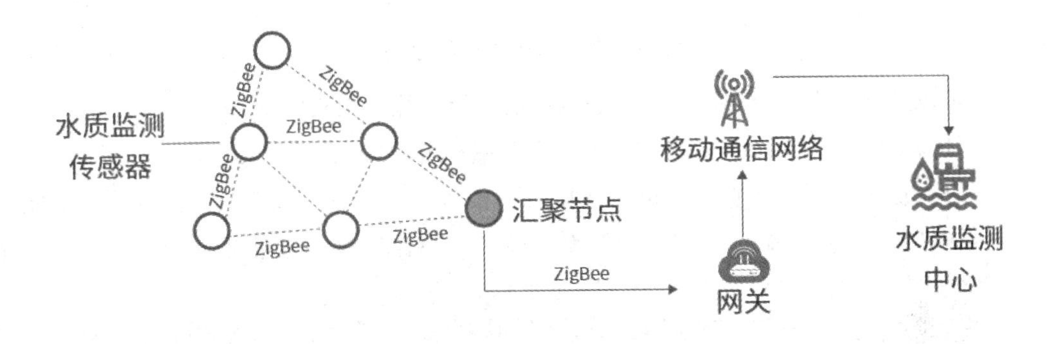

图 8-3　水质监测系统架构

水质监测系统可在无人值守的情况下，持续对水质环境进行监测，使盐碱度、污染程度等指标不会对其整体监测性能造成影响。系统可以实现以下功能：

(1) 信息采集。采集与水质有关的物理、化学参数，包括混合液污泥浓度、氨氮、氧化还原电位、化学需氧量(Chemical Oxygen Demand，COD)、pH、溶解氧、总磷、悬浮物等。

(2) 状态监测。观测水质监测设备、水质环境调节设备等的运行状态。

(3) 报警提醒。远程报警会在水质污染、设备故障等状况发生时立即启动。

(4) GIS 定位。支持 GIS 地理位置显示，可通过电子地图实时查看设备位置，了解其运行状况。

(5) 远程控制。支持远程控制设备启停、诊断运行故障、升级设备程序。

2. 智慧水质监测系统

(1) 登录智慧水质监测系统，进入智慧水质监测系统首页，如图 8-4 所示，页面上显示了混合液污泥浓度、溶解氧、氧 化还原电位、悬浮物、总磷、pH、氨氮、化学需氧量等参数的实时数据。

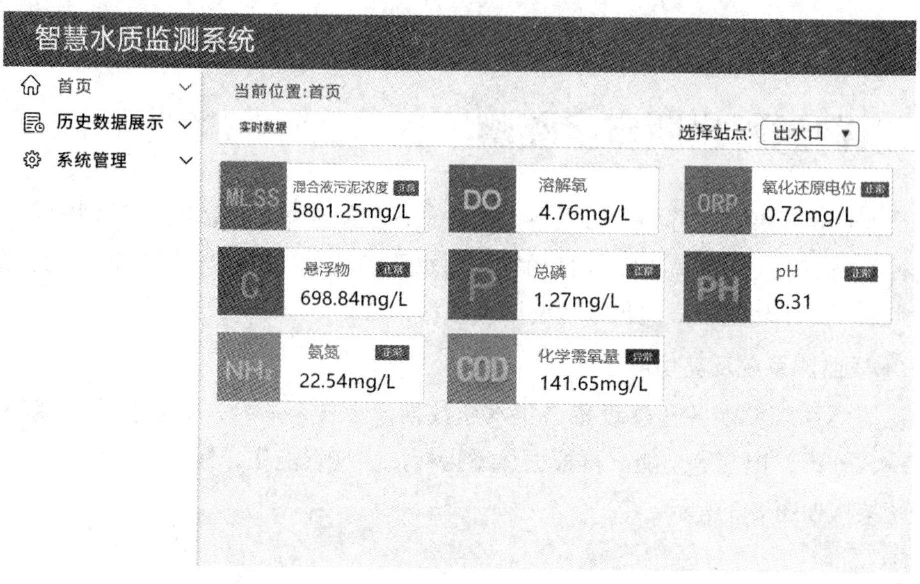

图 8-4　智慧水质监测系统首页

(2) 可以选择站点，查看出水口或进水口的水质监测参数实时数据。

(3) 具有 GIS 地理位置显示功能，可以滚动鼠标滑轮放大或缩小地图。

(4) 进入历史数据展示页面，可选择按日、按月或按年查看混合液污泥浓度、氨氮、氧化还原电位、化学需氧量、pH、溶解氧、总磷、悬浮物等参数的数据图。混合液污泥浓度日数据图、月数据图、年数据图分别如图 8-5 至图 8-7 所示。

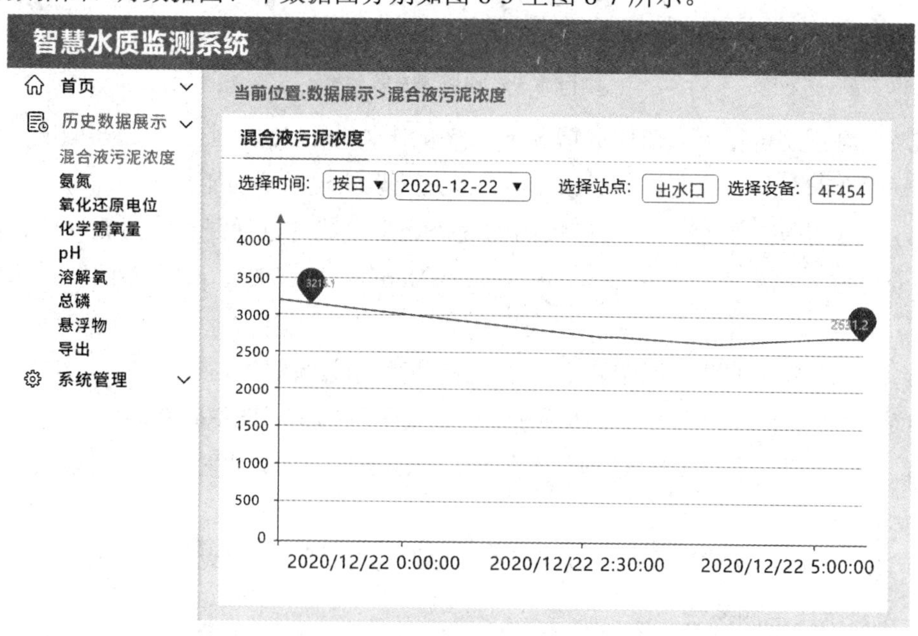

图 8-5　混合液污泥浓度日数据图

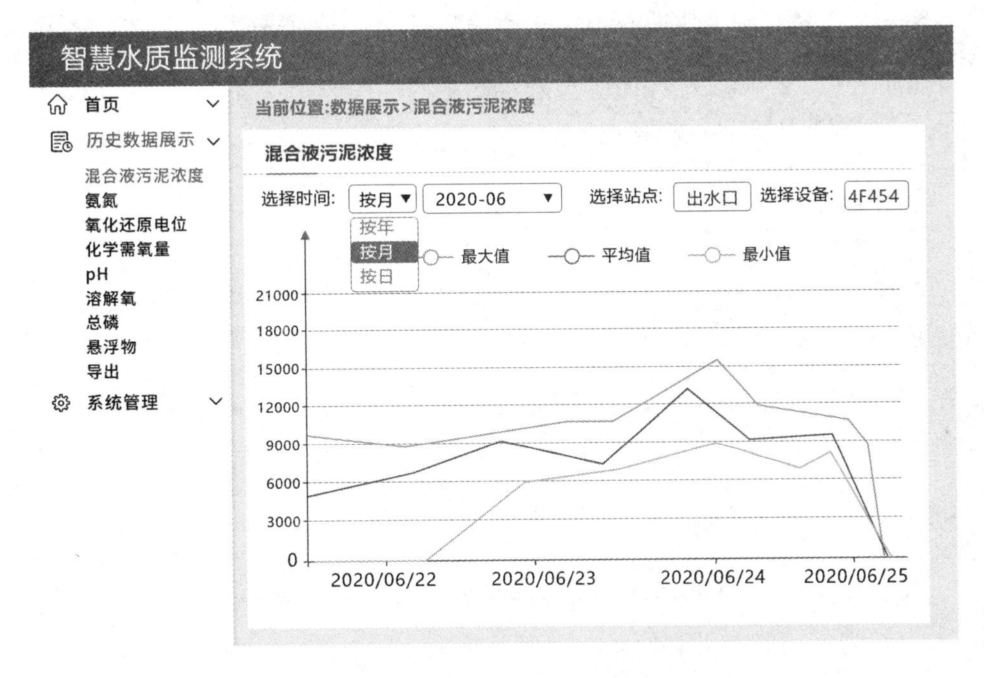

图 8-6　混合液污泥浓度月数据图

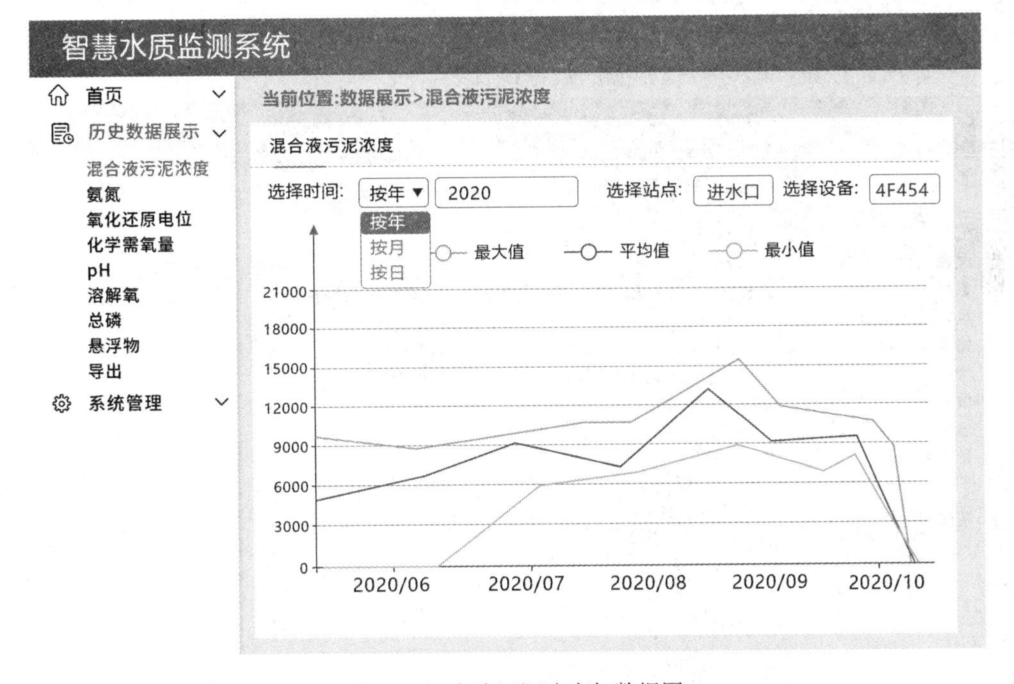

图 8-7　混合液污泥浓度年数据图

(5) 月数据图、年数据图上都可以同时显示数据的最大值、平均值和最小值，进行数据对比。若需要隐藏其中某条数据折线，单击相应标签使其变成灰色即可。如图 8-8 所示，混合液污泥浓度月数据图中显示了最大值和最小值折线，平均值折线则被隐藏。

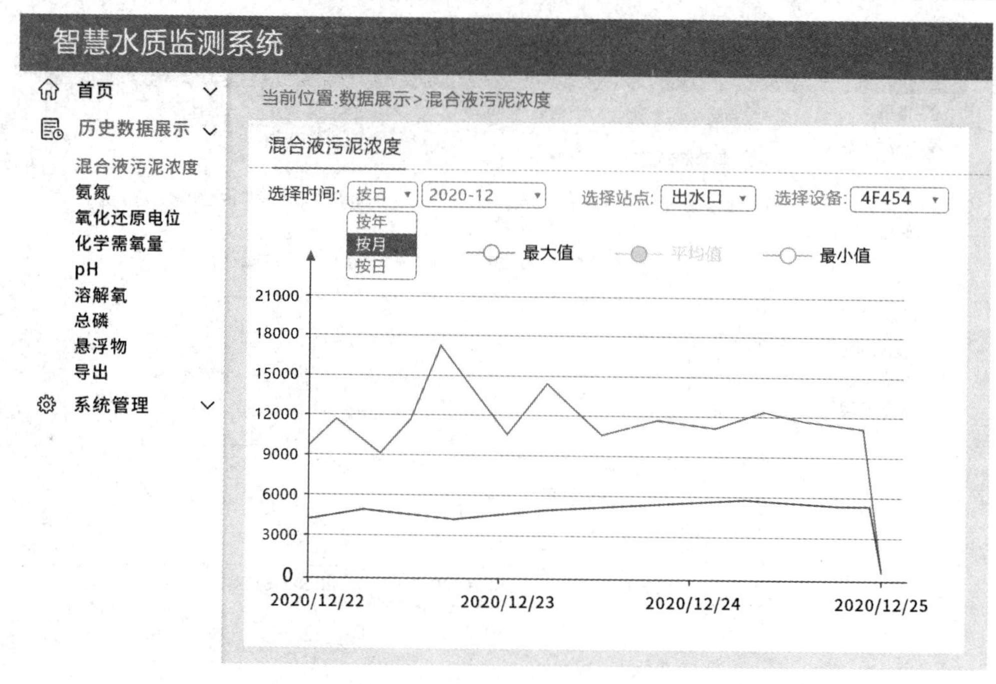

图 8-8　混合液污泥浓度月数据图最大值和最小值显示

(6) 数据导出界面如图 8-9 所示。导出数据时，需要先选择站点、水质参数和时间，再单击“导出”按钮，即可得到相应的数据统计表。

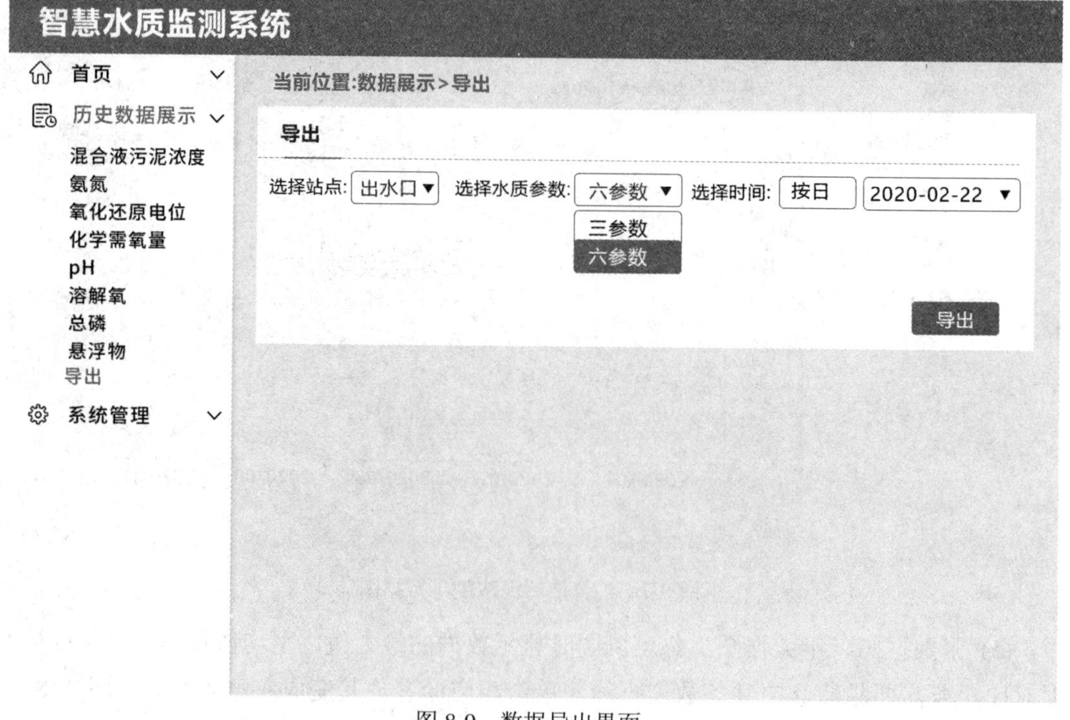

图 8-9　数据导出界面

(7) 报警日志界面如图 8-10 所示。报警日志中包含设备编号、站点、报警信息、首次

报警时间、最新报警时间、处理状态以及处理时间等参数信息。

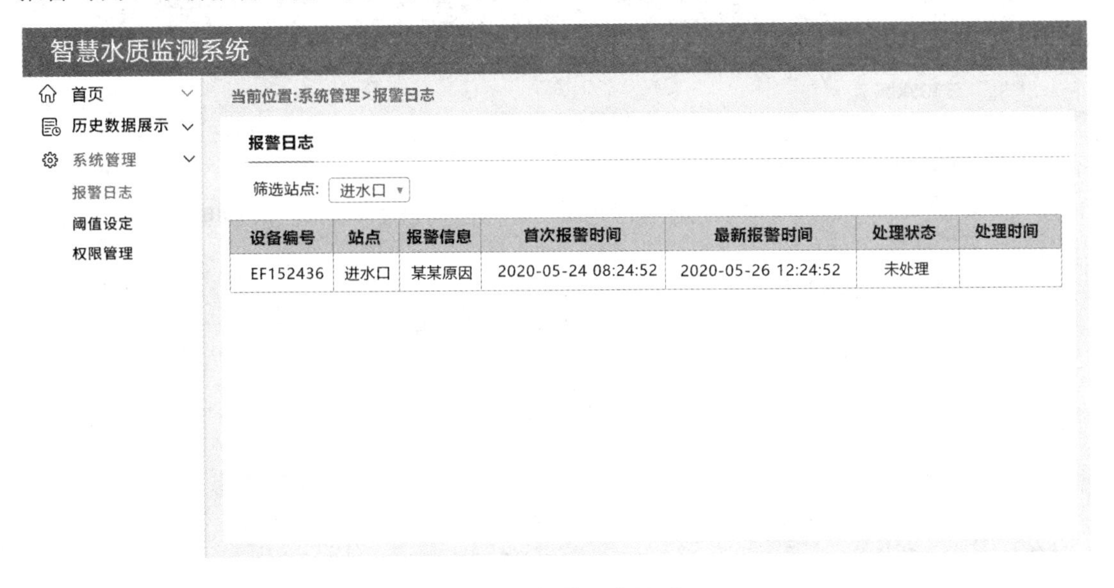

图 8-10　报警日志界面

(8) 阈值设定界面如图 8-11 所示。单击操作栏中的“编辑”命令即可进行阈值设定。

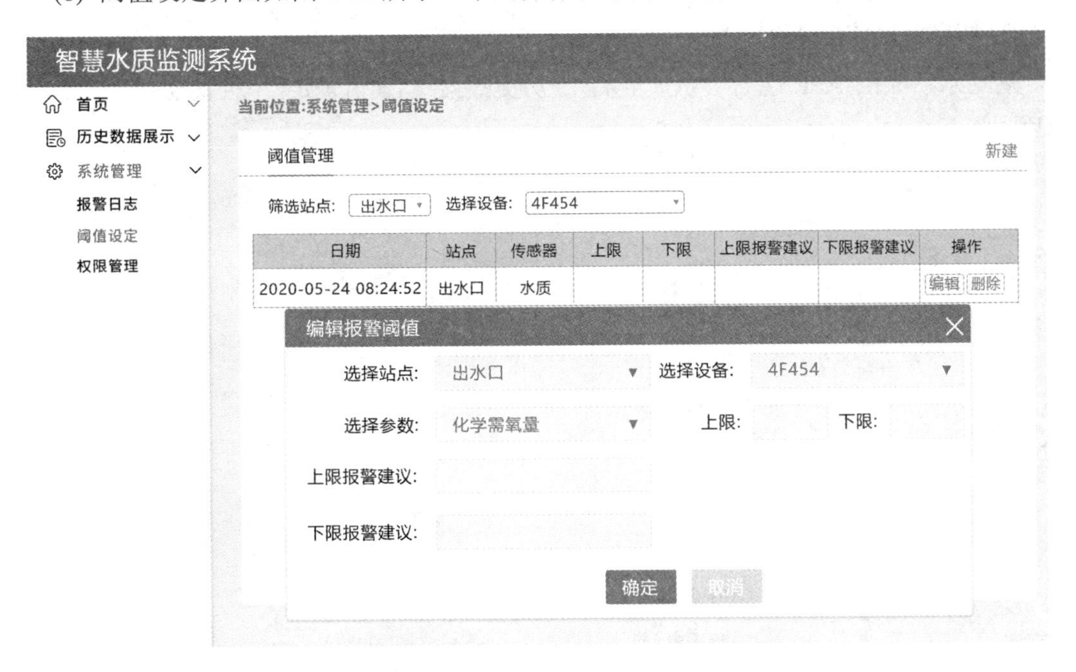

图 8-11　阈值设定界面

(9) 权限管理界面如图 8-12 所示。不同成员身份具有不同的操作权限：超级管理员可以操控平台，添加或删除任何成员，设定报警阈值；管理员可查看平台，添加或删除访客；访客可查看平台信息。

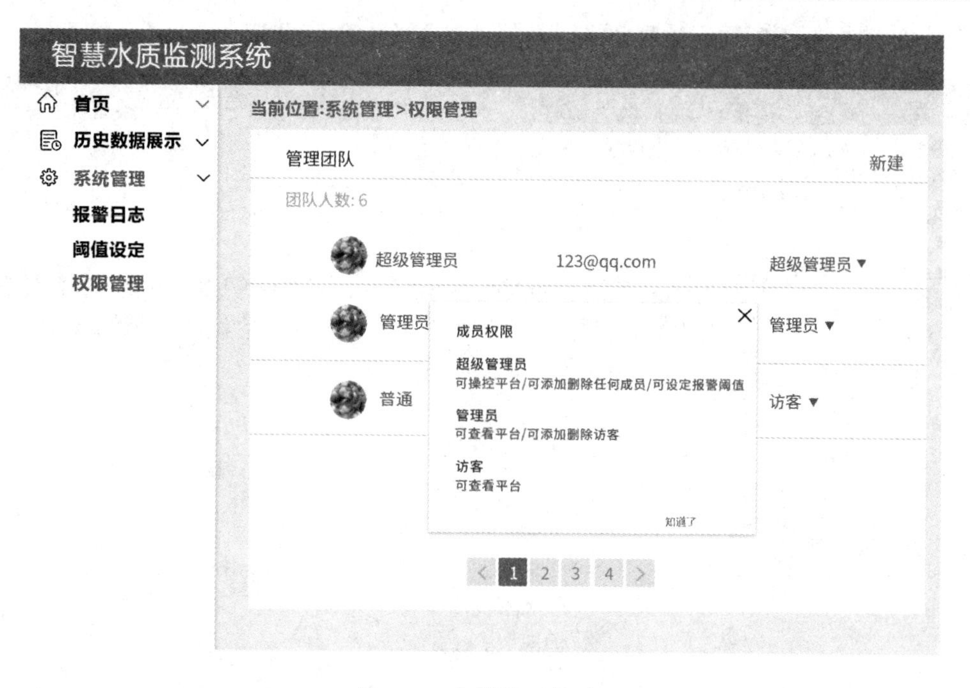

图 8-12　权限管理界面

3. 智慧水质监控 APP

智慧水质监控 APP 包含“水质监测”“历史数据”“阈值设定”“设备控制”四个功能模块，如图 8-13 所示。

图 8-13　智慧水质监控 APP 的功能模块

智慧水质监控 APP 部分功能展示：

(1) 在“水质监测”模块，选择进水口或出水口可查看实时监测数据，如图 8-14 所示。

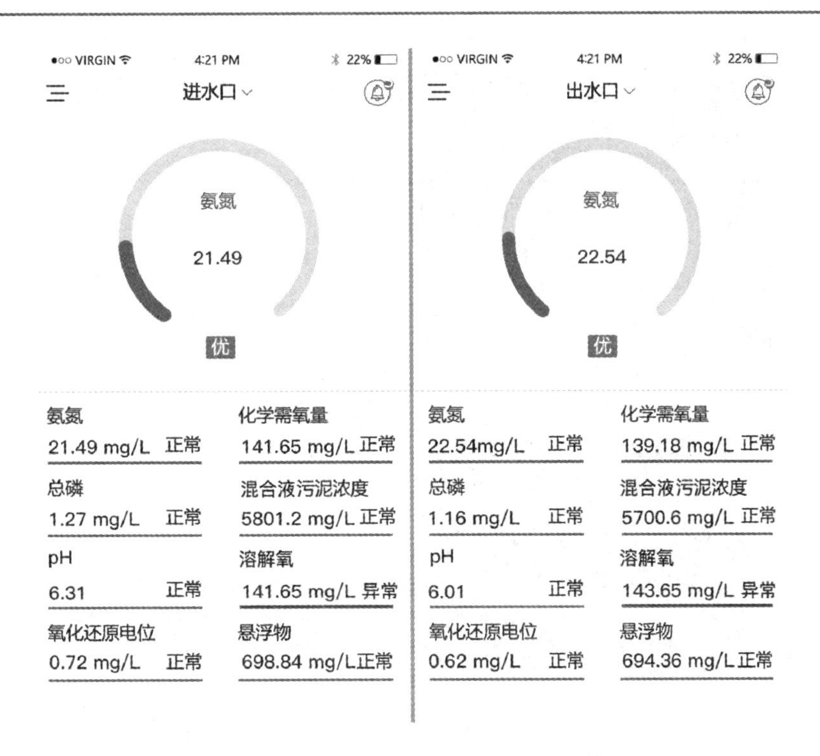

图 8-14　进水口、出水口的实时监测数据

(2) 在“历史数据”模块，可按年、按月或按日查看历史数据，如图 8-15 所示。

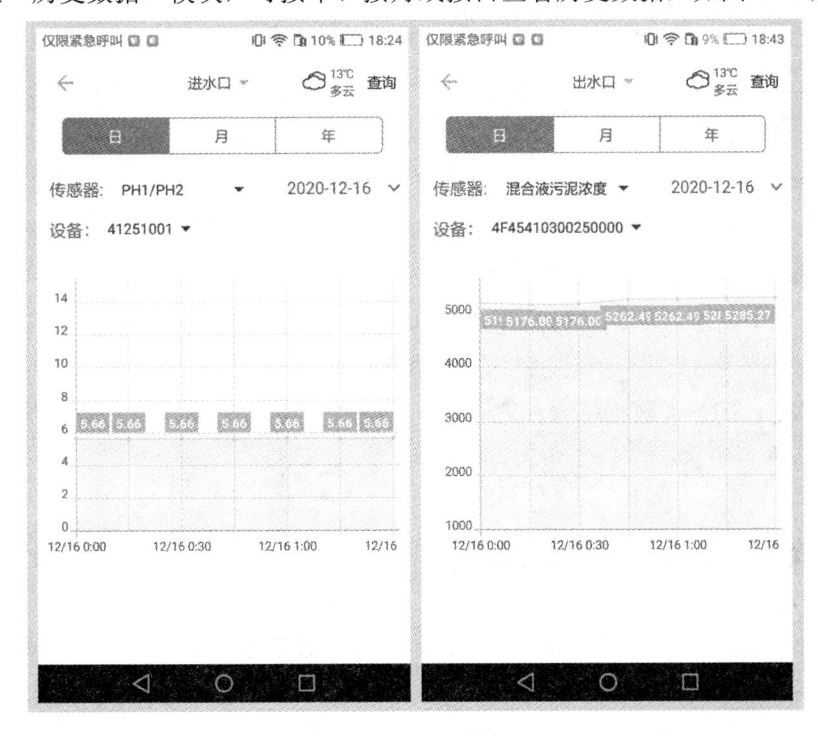

图 8-15　历史数据

(3) 在“阈值设定”模块，可设定水质参数报警阈值，如图 8-16 所示。

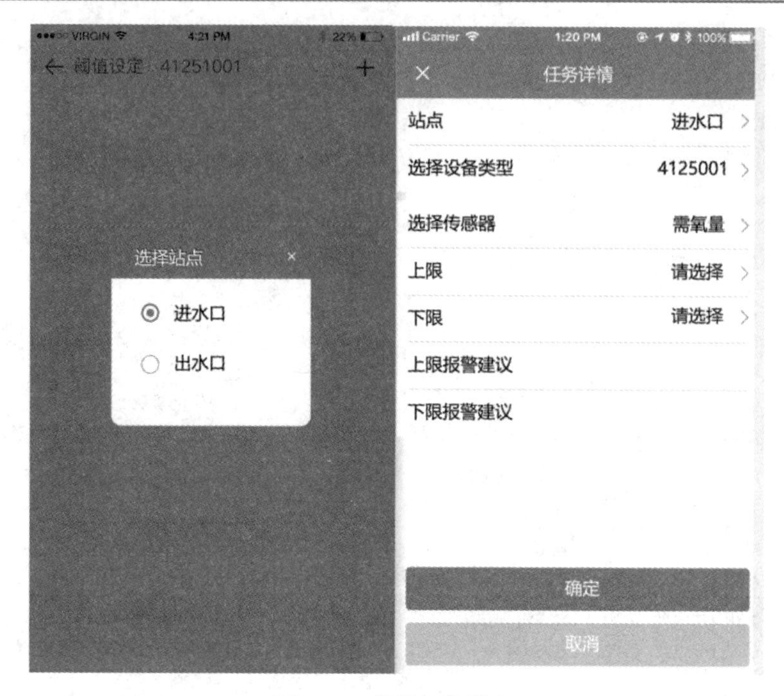

图 8-16　报警阈值设定

4. 成效

智慧水质监测系统采用信息化手段全面监测水质状况、设备运行状态等信息，并结合GIS 将这些数据的统计结果及变化状况展示出来，创建安全预警平台，使得管理人员能够及时发现水质问题，并及时进行处理。智慧水质监测系统特点包括：

(1) 可视化。实时监测水质环境，监测数据以及画面传输到统一管理平台上进行存储、处理和展示。

(2) 智慧化。提供数据云服务，由数据集成、数据分析和数据挖掘技术对数据进行统计、分析、综合和管理。

(3) 平台化。将水质监测所得的数据、图像等资料都集中到数据中心，连接综合信息管理平台、数据信息处理平台以及应急指挥管理系统。

(4) 完整化。基于大数据平台建立一个完整的业务运行管理系统，以便统一对平台用户权限和业务参数等进行高效管理。

8.3　大闸蟹物联网养殖应用

大闸蟹市场需求量扩大对其养殖企业提出了发展智慧养殖、增加产能的要求。应用物联网养殖溯源一体化系统，能够克服传统大闸蟹养殖模式的弊端，提高大闸蟹养殖信息化水平和生产效益，也能追踪大闸蟹从苗期到成品蟹，接着流入市场的全过程，保障产品质量，还有利于大闸蟹养殖企业凭借产品品质提升品牌形象。

1. 传统大闸蟹养殖模式的弊端

(1) 自动化水平低。大闸蟹养殖数据采集依赖于人力手段，生产过程多凭借经验进行决策，而不是精确、可靠的量化数据，出错率高。人工观察大闸蟹吃食情况，难以进行精准投喂，不能远程自动控制增氧机、投饵机等养殖设备。

(2) 实效性差。因自动化水平低，无法实现对养殖水质、气候等的全天候监测，发生自然灾害和突发事件时不能及时预警并快速处理。

(3) 养殖风险高。没有准确的数据作为依据，容易产生不合理的投喂和用药行为，致使水质恶化，增加水产病害发生的可能性，破坏大闸蟹质量，养殖风险加大。

(4) 未建立产品溯源体系。未建立产品溯源体系，对大闸蟹养殖生产流程的监管难度大；蟹农没有品牌，蟹产品价格与市场水平相比较为低廉，蟹农收入较低。

2. 物联网大闸蟹养殖系统

物联网大闸蟹养殖是物联网水产养殖的具体应用。物联网大闸蟹养殖系统架构如图 8-17 所示。

图 8-17　物联网大闸蟹养殖系统架构

1) 大闸蟹养殖信息感知

在物联网大闸蟹养殖系统中，感知层主要用于感知大闸蟹养殖信息。大闸蟹养殖过程中需要采集的水质参数包括水温、水硬度、溶氧、氨氮、pH、亚硝酸盐、H2S 等，养殖现场布置的温度传感器、溶氧传感器、氨氮传感器等设备，将其各自采集的数据通过 NB-IoT、4G、WLAN 等协议上传至上位控制主机，免去了定期采集、化验池塘水等烦琐事务；摄像设备用来采集与养殖基地周围环境、水体颜色、养殖设备运行状态、大闸蟹生长情况、食物消耗情况等有关的图片与视频信息。

水中的溶解氧含量与降雨量、大气压、CO_2 浓度等有关，布设气象站获取这些溶解氧影响因素的数据，可以用来预测溶解氧含量，方便养殖人员提前采取相应措施，预防大闸蟹缺氧。

2) 大闸蟹养殖信息传输处理

物联网传输层和处理层可对采集到的大闸蟹养殖环境数据进行汇聚、传输和处理，为实现远程监控提供保障。在这个过程中，数据分析由云计算技术来完成；后台系统可对大闸蟹养殖数据进行存储，形成大闸蟹养殖知识库并建立数据模型，以备随时进行处理和查询，为后续大范围大闸蟹养殖数据库的建设积累经验，也可作为大闸蟹质量安全追溯的其中一个信息源。

3) 大闸蟹养殖的具体应用

物联网应用层将物联网技术与大闸蟹养殖技术相结合，实现无线远程视频监控、自

动报警、养殖设备自动控制等应用。物联网大闸蟹养殖管理平台是实现应用信息可视化的人机交互平台，管理人员通过该平台对各种应用进行统一管理。物联网大闸蟹养殖管理平台首页如图 8-18 所示。

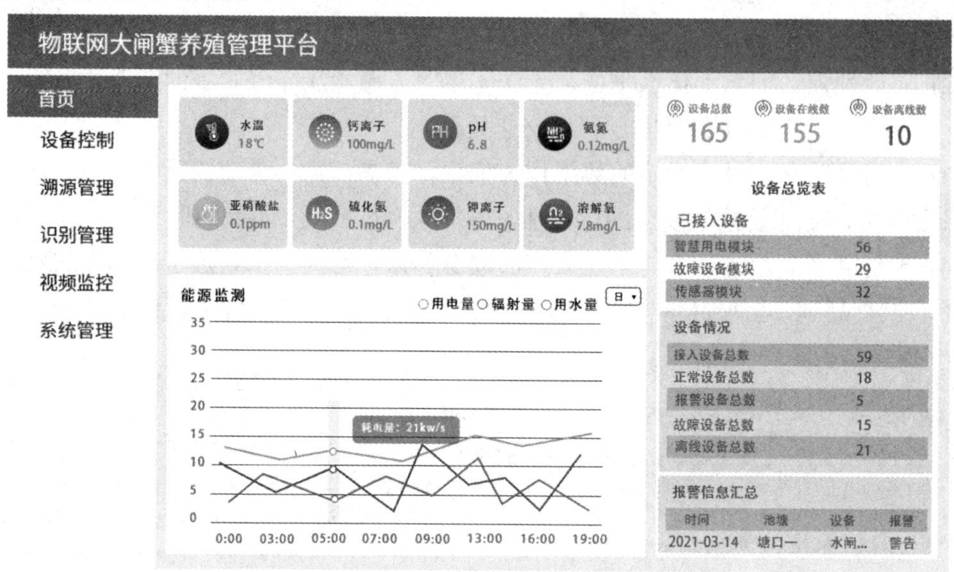

图 8-18　物联网大闸蟹养殖管理平台首页

(1) 视频监控系统。建设无线视频监控系统对水上、水下环境实施监控，视频监控界面如图 8-19 所示。水上视频监控系统配置多个摄像头，覆盖整个大闸蟹养殖区域，监控数据实时上传，养殖人员即可观察养殖基地周围环境状况、水体颜色、设备的工作情况等，大面积远景查看和近景观察都可以实现，不必消耗大量人力进行实地查看。水下视频监控系统包含水下照明系统和视频监控系统，照明系统提供光源，监控系统采集水下信息，包括大闸蟹生长及健康状况、食物消耗情况、水草生长状况等，数据实时上传至监控平台，以便发现大闸蟹病害情况，及时处理，同时了解大闸蟹生长趋势，进行产量预测。

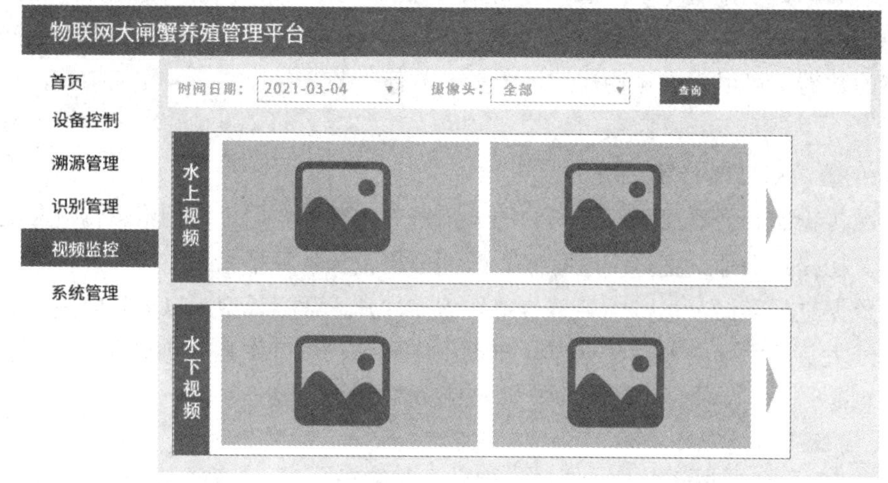

图 8-19　视频监控界面

(2) 生长分析系统。实时监测蟹苗生长的全过程，养殖人员可随时通过手机、电脑等进行观察，可定期截图保存，方便后期查看。当发现病害情况时，即可将大闸蟹当下照片和相关病症情况发送至疾病远程诊断系统，由专业人员进行诊断，提供针对性的建议。

(3) 自动报警系统。自动报警系统可以在大闸蟹养殖基地出现水质不良、养殖设备停止运转、大闸蟹病害发生等异常情况时，通过手机短信、APP 等渠道自动报警，减少甚至避免损失。

(4) 自动控制系统。自动控制系统可以根据设定的参数阈值，对增氧机等养殖设备进行智能调节，使大闸蟹处于最适宜的生长环境。例如，将溶解氧传感器、传感控制器、系统平台三者相连，当系统平台显示溶解氧含量过低时，增氧机会自动打开；当溶解氧含量回到正常水平时，增氧机则自动关闭，增氧机自动控制界面如图 8-20 所示。养殖人员也可根据实际需求通过智能终端控制增氧机的启停。此外，饲料投喂过多易造成浪费，也会破坏水质，投喂过少则不利于大闸蟹生长，结合养殖规模、养殖环境等实际情况合理安排投喂时间和饲料用量，养殖人员将投喂指令发送到系统平台，即可实现定时定量的自动投喂。

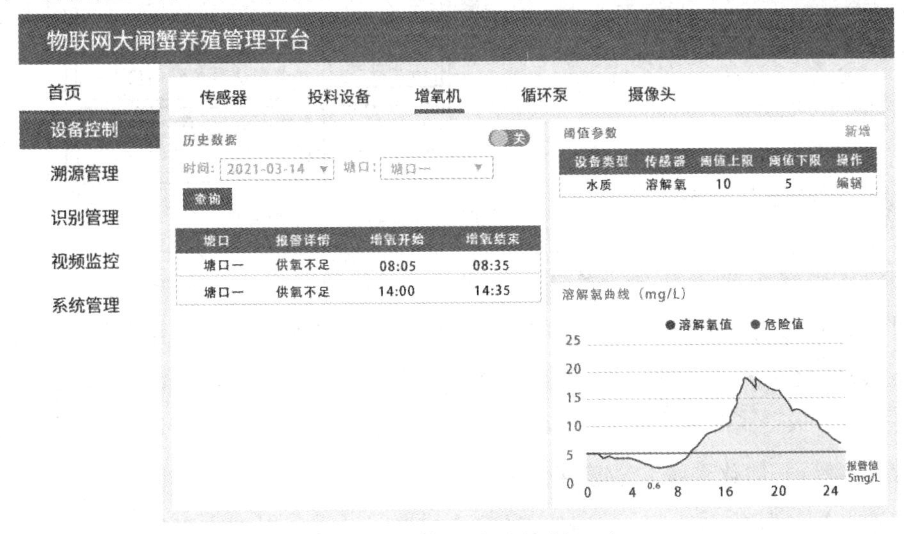

图 8-20　增氧机自动控制界面

(5) 无人艇投饵系统、无人机投食系统。为适应规模化养殖需求，引入了无人艇投饵系统和无人机投食系统。无人艇兼具水质监测和自动投饵功能，可以根据获取的水质环境信息，不断调整投饵频率和数量，达到科学投饵的目的。选用带有智能撒播系统的无人机用于大闸蟹投食，既可以节省人力成本，也能使投食过程更加均匀、精准、快速，提高投食质量。

3. 物联网大闸蟹溯源系统

大闸蟹溯源系统通过物联网感知单元采集与大闸蟹生长相关的数据、图像等信息，结合二维码、条码等识别技术，连接大闸蟹养殖、检验、监管、消费等环节，并将其中受消费者高度关注的信息，提取整合建成大闸蟹信息数据库。在大闸蟹产品流通的同时，信息也在产业链各环节与溯源管理云平台之间进行双向流转。大闸蟹购买者扫描产品包装上的二维码标签，即可获取大闸蟹信息数据库中存储的大闸蟹档案。

具体溯源信息如图 8-21 所示，主要包括以下几类：

(1) 蟹苗来源。记录蟹苗来源信息，在蟹苗采购回来时即将信息录入溯源系统。

(2) 生长环境。记录物联网设备采集的大闸蟹生长环境信息，与相应批次的大闸蟹绑定。

(3) 用药情况。记录防治大闸蟹病害时所使用药物的具体信息，包括来源、种类、使用次数等。

(4) 生长周期。记录大闸蟹各生长阶段的信息，包括监控图片和与其相关的数据。

(5) 运输环节。包括蟹苗运输环节和成熟蟹产品流向市场两个重要运输过程，记录与物流公司、运输环境、运输时间、运输流向等相关的信息。

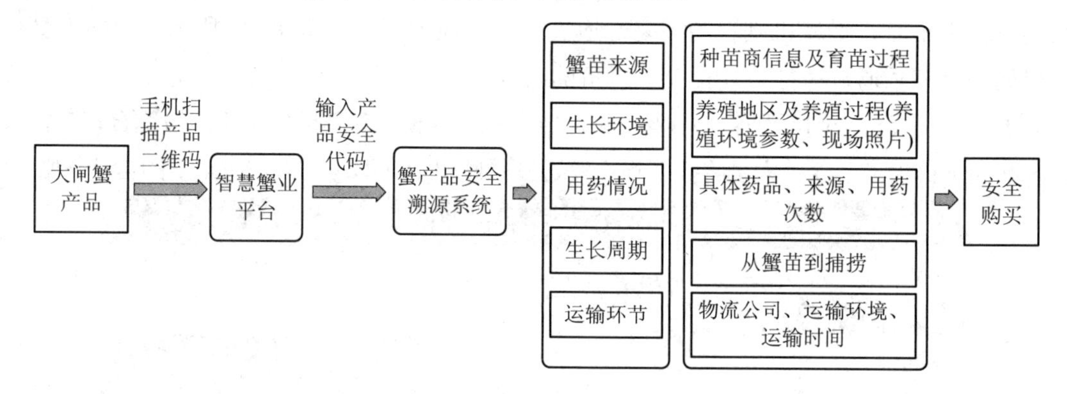

图 8-21　蟹产品溯源档案信息列举

通过溯源系统形成从水塘到餐桌的追溯模式，让消费者买到有质量保证的大闸蟹产品，这可以提高消费者的消费信心。对于大闸蟹养殖企业来说，大闸蟹溯源能促进产品流通和出口贸易，塑造品牌形象，从而提高蟹产品的溢价性。在大闸蟹溯源系统的辅助下，监管部门可以有效提高对蟹产品质量的监管能力，规范蟹产品的检验工作，提高监管水平。

4. 养殖溯源一体化系统企业应用效益

将养殖溯源一体化系统应用于大闸蟹养殖的生产过程可以建立养殖标准化体系，有效避免诸多不良因素，尽管养殖规模扩大，也不会出现因劳动力不足、养殖经验缺乏、管理效率低而影响养殖效益的问题。对养殖企业而言，其应用效益体现在“开源”和“节流”两个方面。

合理的大闸蟹养殖环境控制和科学投喂，可以减少病害发生，提升大闸蟹品质；系统实时监测可以有效减轻自然灾害和突发事件对大闸蟹养殖的影响，降低养殖风险，增加产能；以海量数据分析结果作为依据，可以开辟新的大闸蟹养殖市场；采用溯源系统提升大闸蟹的品牌价值，能创造更多的收益。

精确测量和控制各项指标，自动控制养殖设备，有利于节能减排，有效提高资源利用率，从而减少资源投入。相关产品投放后，一位大闸蟹养殖人员可以管理上百个蟹塘，提高劳动效率，大幅度削减人力成本。

第9章　物联网畜牧

9.1 物联网与现代畜牧业的结合

传统畜牧养殖和屠宰业主要通过人力、简单设备获取养殖和屠宰信息，缺乏统一的标准和流程，耗时又耗力，导致规模化水平低。物联网可实时、精准、快速采集养殖和屠宰环境信息，利用无线传感器网络将采集到的信息自动传输到后台处理中心，实现规模化、自动化管理和控制。图 9-1 为物联网生猪养殖所使用的监测终端和自动喂料设备。

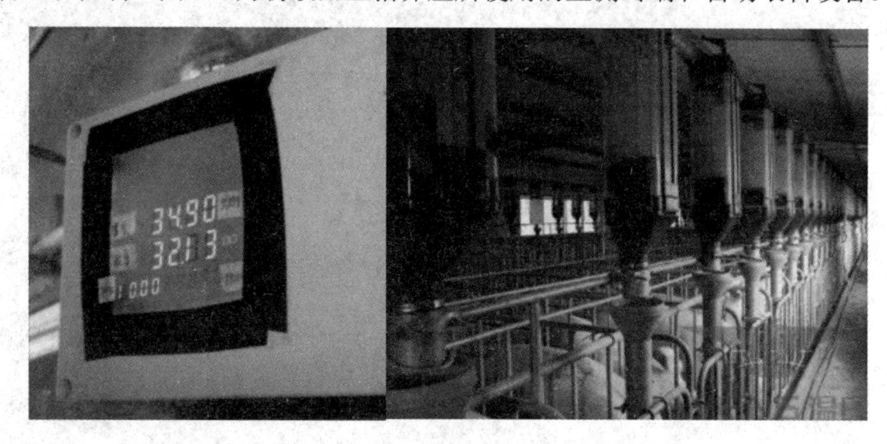

图 9-1　物联网生猪养殖监测终端和自动喂料设备

1. 物联网技术在畜牧养殖中的应用

(1) 大规模部署无线网络传感节点，采集畜牧养殖环境数据，如空气温湿度、NH_3 及 CO_2 浓度、微生物含量等。

(2) 在采集养殖环境数据的基础上，根据设定的最佳养殖参数标准，智能控制养殖场的湿帘系统、光照系统等环境调节系统。

(3) 配备相关硬件设备，利用无线传感技术、可视化技术等建立数字化监测平台。

(4) 布设无线传感器节点，采集畜禽的温度、血压、脉搏、活动状况等信息并传输到服务器上，在终端实时监控畜禽的生长情况。

物联网技术加快了畜牧养殖的现代化进程，具有诸多优势。从现有的成功案例来看，运用物联网技术精确测量及控制各项指标，实现对畜牧养殖环境控制的量化、科学化管理，不仅能提高养殖效率，缓解劳作压力，也有利于节能减排。随着物联网畜牧养殖应用成熟化，畜禽成长速度慢、饲料转化率低、屠宰率低等问题都将得到解决。

2. 物联网畜牧养殖技术的现实意义

(1) 降低生产成本。将物联网技术应用于畜牧养殖过程，在畜牧养殖现场安装智能监测设备，监测环境信息及畜禽生长状态，在终端进行远程监控及相关设备控制，畜牧养殖生产资料可以根据实际需求予以合理分配，提高资源利用率，进而降低生产成本。

(2) 提高养殖效率。运用智能感知设备进行数据采集，通过无线通信技术进行数据传输，数据分析、处理由大数据和云计算技术完成，减少了对人工操作的依赖，降低误差产生的可能性，使管理、决策过程更加科学，从而提高生产效率。

(3) 增加产量。通过物联网技术开展规模化、专业化、标准化、模式化生猪养殖，实时监测和调控畜牧养殖环境，利用自动喂料和供水设备进行智能精细化投喂，使畜禽保持良好的生长状态；在繁育时期，以基因优化原则为基础，结合传感器技术、射频识别技术、预测优化模型技术实现科学配种，保障繁殖率，增加产量。

(4) 形成精准化畜牧养殖体系。以技术替代人为操控，对各个养殖指标进行多维度对比分析，在海量数据和精准计算的支撑下，决策过程变得更加科学，不仅可以降低养殖场的运营风险，还可以提取出更加高效的养殖运营模式，形成精准化养殖体系，易于推广和复制。

(5) 提高市场竞争力。利用物联网技术提高畜牧养殖水平，可以降低养殖成本，提高利润；科学养殖是提升肉品质量的重要手段，品质是市场竞争的重要评判标准，换言之，畜禽养殖企业能否提高竞争力，关键在于是否能够将科学技术应用于产业化布局过程中。

(6) 打造品牌形象。凭借技术手段形成科学养殖模式，建立肉类产品质量安全追溯管理体系，出产高品质畜禽肉类产品，赢得市场认可，有利于打造良好的品牌形象。

(7) 建立行业标准。掌握智慧养殖的关键技术，积累生产数据，探索畜禽生长的最佳养殖环境标准，有利于修正现有养殖经验，为后期开展养殖工作提供指导，逐渐形成行业标准，加快畜牧业现代化进程。

9.2　畜禽养殖 APP

畜禽养殖 APP 是农业物联网领域的常见应用，使用畜禽养殖 APP，养殖人员可以将畜禽养殖活动转移到智能终端上进行，以远程管理取代实地管理，还能够查看养殖业务、获取预警信息、控制养殖管理设备，集中开展智能化、精细化的养殖管理工作，降低养殖管理成本。

要实现畜禽养殖管理功能，APP 用户端需要连接畜禽养殖管理系统服务器和数据库，系统服务器收到来自 APP 的交互请求后，调动数据库处理数据，并将数据处理结果回传至 APP 界面进行显示。

借助畜禽养殖 APP，通过移动端的简单操作，即可查询、管理畜禽养殖业务。APP 首页展示功能模块，包括畜禽管理、摄像监控、环境监测和智能控制；进入数据页面可以选择查看畜禽管理数据和环境监测数据，数据可以通过趋势图形式显示；在消息页面可以查看环境及系统设备异常警报信息；管理人员可以管理个人账号、查看执行历史。畜禽养殖 APP 的管理界面如图 9-2 所示。

图 9-2　畜禽养殖 APP 的管理界面

畜禽养殖 APP 中的“畜禽管理”界面如图 9-3 所示。畜禽管理模块的功能包括“畜禽管理”“消毒登记”“配种登记”“发病登记”“免疫登记”“生长测定”。畜禽养殖 APP 的内设有智能算法，通过输入畜禽编号即可快速检索该畜禽的信息。

图 9-3　“畜禽管理”页面

“环境监测”界面显示了所监测养殖区域的温度、湿度、二氧化碳、氨气四项参数的数据，如图 9-4 所示。

监控摄像设备实时获取畜禽养殖场的监控画面，可以在 APP 界面进行显示，如图 9-5 所示。

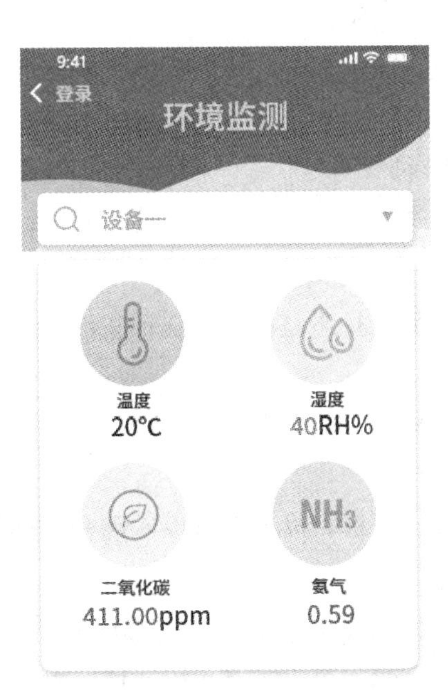

图 9-4　“环境监测”界面

图 9-5　“摄像监控”界面

通过智能控制模块可以控制畜禽养殖环境调节设备和饲喂设备，也可以设定相关阈值，如图 9-6 所示。

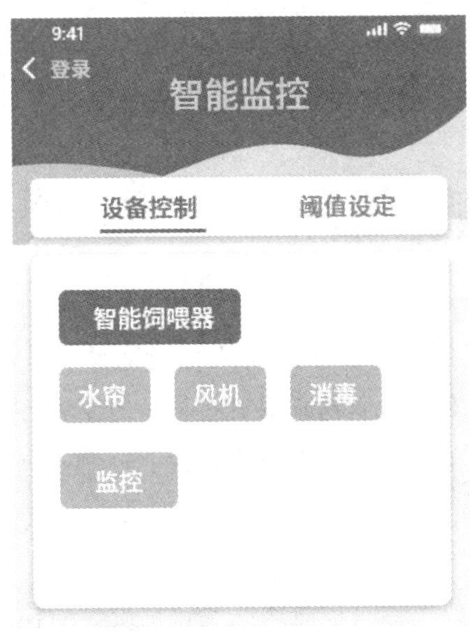

图 9-6　“设备控制”界面

9.3 农业物联网面向畜禽肉品追溯系统的总体要求

1. 目标

(1) 能证明产品来历，确定畜禽肉品在供应链中的位置。

(2) 便于验证养殖、屠宰、加工、流通过程的质量和安全信息，便于质量和安全管理。

(3) 能识别畜禽肉品质量，及时召回问题产品。

(4) 能实现畜禽肉品质量和安全目标，满足顾客要求。

(5) 能提高企业运行效率、生产能力和盈利能力。

2. 设计原则

(1) 可追溯性。对活体、半成品、成品等全部产品进行清楚标识，保证物流和信息流同步，使畜禽肉品信息可追溯。

(2) 可查询。可为企业、监管部门、第三方检测机构、消费者等追溯相关方提供信息查询功能。

(3) 完整性。应具备追溯信息采集、记录、汇总、分析、展现等可以实现畜禽肉品可追溯的全部功能。

(4) 开放性。应具有基于 XML 等的数据接口，能够将数据上传至监管部门。

(5) 可配置性。可灵活定义畜禽肉品生产关键工序或关键控制点，根据使用对象及不同用户的需求，自定义用户类型与访问权限。

3. 功能要求

1) 出入库管理

对畜禽和肉品的出入库过程进行引导、控制和监管，在出入屠宰场环节识别畜禽和肉品信息，功能模块主要包括身份自动识别、出入库时间记录、结算管理等。

2) 检疫信息管理

记录畜禽和肉品的基本信息，从来源、检疫等各个方面对畜禽和肉品进行精细化监控管理。

3) 智能屠宰车间管理

通过一体化设计，提高屠宰间、冷冻间的智能化水平，实现智能感知、智能分析功能。通过集成监测传感器等多种农业物联网设备，随时了解各个环节的畜禽肉品情况、气体浓度信息，并据此对各种车间的保管作业进行智能控制，高效、节能、安全、绿色地进行屠宰、冷藏等关键作业。

4) 报警信息管理

通过与智能监控系统集成，实时检测肉品变化情况，对检测数据进行分析和预测，出现温度异常时及时发出预警信号。系统可针对不同级别警情设定预案，提高对异常情况的

解决效率。

5) 畜禽及肉品溯源信息管理

以消费者、企业和政府监管部门为服务对象，追踪畜禽养殖、屠宰、加工、运输、销售等各个环节的信息，覆盖畜禽及肉品出现的全部场所，实现信息共享，从而建立起畜禽肉品追溯系统。

6) 数据分析和管理

业务管理系统内置了畜禽和肉品信息总览、经营统计报表、出入库统计报表等多种统计报表，可以按照固定周期或者实时生成各种报表，也可查询历史报表数据，直观展示相应统计信息，便于相关人员对畜禽、肉品进行管理。

7) 权限管理

政府部门通过平台可以查看各个场地的情况，可以选定某个场地查看实时视频信息；管理人员可以对各个生产环节进行把控，查看畜禽和肉品出入库信息和关键数据报表。

8) 数据交换共享

实现出入库信息、视频监控、肉品情况记录、移动巡检等主要信息综合展示，方便相关人员随时随地了解实时动态。移动应用程序主要业务功能包括综合展示、出入库管理、经营管理等。

9) 信息记录

养殖环节通过在养殖场安装传感器，获取温度、湿度、光照、NH_3、H_2S、CO_2 等数据，达到实时掌握环境信息的目的。根据畜禽生长需求，实现对环境调节设备的自动控制。

屠宰环节根据射频芯片读写器读取的畜禽来源信息，判断畜禽是否满足屠宰条件；在屠宰过程中，用射频读写器将畜禽及畜舍编号等标识信息写入标签内，并获取屠宰关键步骤的信息。

冷链运输环节主要监控肉品的远距离运送过程，通过在冷藏车上安装传感器实现对肉品冷藏环境的监测，GPS、4G、蓝牙等技术也在这一过程中发挥了重要作用。

消费环节主要是认证肉品质量安全信息，公共信息平台网站、终端查询机、手机短信都是消费者获取条码标签内置信息的有效途径。

10) 安装和维护

保证数据获取的高效和准确；结合多种通信方法，确保数据的实时、准确传输，实现对人和物的实时定位；仓储、配送、营销渠道等营销环节可监控，全面实现自动化，达到高产、高效的目的；减少布线，节约成本，设备安装使用简便且易于后期维护；充分利用企业现有资源，提高资源利用率。

11) 系统安全

追溯系统的开发、运行应满足信息数据、网络传输及相关应用的安全要求，功能要求如下：

(1) 应对系统中心机房等特殊区域采取有效的技术防范措施，确保环境、设备的物理安全。

(2) 利用技术防范措施保障系统安全运行，具备病毒检测及消除、数据备份和恢复、电磁兼容等功能，能够在短期内使系统重新运行。

(3) 设置系统访问、数据管理权限，确保追溯数据的保密性、完整性。

9.4 畜禽业养殖环境调控及肉品溯源

1. 养殖环节

运用定位和路由算法、无线传感器网络、可视化技术，配备相关的硬件设备，建立畜禽养殖数字化监测平台。利用传感器实时感知养殖环节的空气温度、湿度、NH_3 等环境因素，在智能养殖平台上按照需求或者专家提供的数据进行阈值设定，系统在环境数据超出阈值时，会自动发出警报，并按照设定的参数值，对风机、湿帘等进行联动控制，及时调节畜禽养殖环境。畜禽养殖现场的智能采集控制设备如图 9-7 所示。

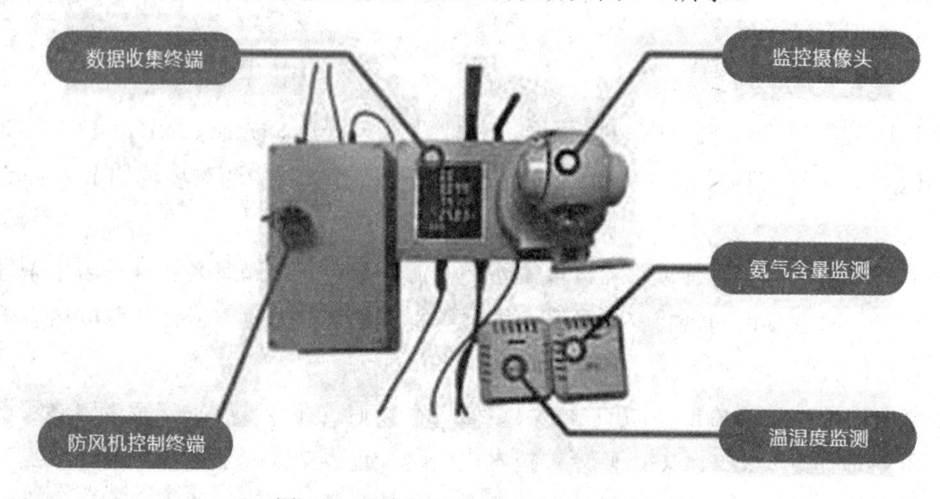

图 9-7　畜禽养殖的智能采集控制设备

给畜禽佩戴基于传感器感知的耳标构成无线传感器节点，使用无线路由器从采集节点收集畜禽生长体征信息(如血压、体温、脉搏、体重等)，再利用网络传送到后台服务器，通过手机、PDA 等移动终端对畜禽的数量、健康状况等进行实时监测。

2. 屠宰加工环节

通过射频读写器获取畜禽的来源信息，判断其是否符合屠宰加工要求。在屠宰加工过程中，将畜禽号、屠宰场号等信息写入禽体标签，将畜禽的数量转化为屠体数量；收集重要工序的相关信息并传入，建立屠宰场无线传感器网络系统，监控畜禽屠宰的各环节，最后将这些信息统一上传至畜禽肉品溯源系统。

3. 仓储冷链环节

在冷藏车上安装传感器装置，对长途运输畜禽肉品进行循环监测，所涉及的技术包括 4G/5G 移动通信技术、GPS/北斗定位技术、蓝牙近距离数据传输技术等。

4. 销售环节

消费者购买畜禽肉品后，可扫描肉品溯源码获取追溯信息，认证畜禽肉品质量。

9.5　智能化溯源系统

1. 系统建设部分

结合畜禽屠宰企业的实际情况建设肉品溯源系统，追溯与畜禽肉品相关的信息，其中包含供应商档案、畜禽疾病检疫结果、屠宰前实时状态信息、屠宰后的运输流向等内容。运用肉品溯源码对肉品进行标识管理，建立溯源档案，为企业、消费者、食品安全监管人员提供溯源服务。溯源系统首页展示了系统功能模块，如图 9-8 所示，各模块功能如下：

(1) 供应商备案。为畜禽供应商建立溯源档案——身份档案，记载公司或个人供应商的名称、情况介绍、联系电话、地址等信息。以当天日期作为溯源开端，以供应商为基础关联相关车辆，根据车牌号、来源地、畜禽检疫合格证、运货人、联系电话等关联并同步相应畜禽批次信息，实现对畜禽来源地的追溯。

(2) 信息填写。系统设置信息输入栏，供填写畜禽入场、检疫、屠宰、实验室检测、肉品出场等方面的信息；设置扫描和拍照端口，对相关文件进行留底，通过填写一次数据即可实现畜禽信息的关联和同步，从而简化信息登记工作；对于患病、经急宰或无害化处理的畜禽，设置单独的信息录入端口，在“监测数据”模块呈现异常畜禽数量，与供应商

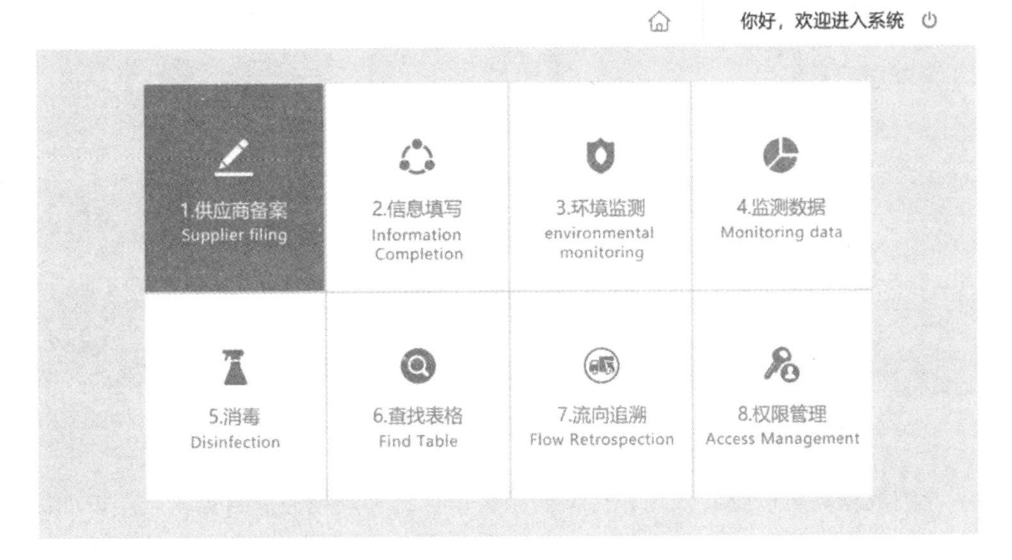

图 9-8　溯源系统首页

关联；设置肉品信息表生成、打印功能，方便溯源的查看和信息共享。图 9-9 为“畜禽入场登记”界面。

图 9-9 “畜禽入场登记”界面

(3) 环境监测。以屠宰环境为例，屠宰场畜禽数量多，CO_2、氨气等气体排放量大，易产生环境问题，因此配备一套能够采集温度、湿度、CO_2、氨气数据的空气监测仪，实时监测屠宰场环境，并通过无线网络将数据传输到后台进行整理、统计，作为屠宰环节追溯数据。管理人员通过本系统可以查看各项环境监测数据、报警日志，也可以设定报警阈值。“环境监测”界面如图 9-10 所示。

图 9-10 “环境监测”界面

(4) 监测数据。可以查看入场和待宰问题畜禽数据和环境监测数据，数据以曲线图的形式呈现，问题畜禽数据、环境监测数据分别如图 9-11、图 9-12 所示。问题畜禽包含病、死、急宰畜禽，可以按年或按月选择数据，将某一个指示标签点击变成灰色，即可隐

藏该类问题畜禽的数据。查看环境监测数据时选择查看日期，并选择监测设备、监测指标，即可看到温度、湿度、CO_2、氨气的具体数值及其变化趋势。

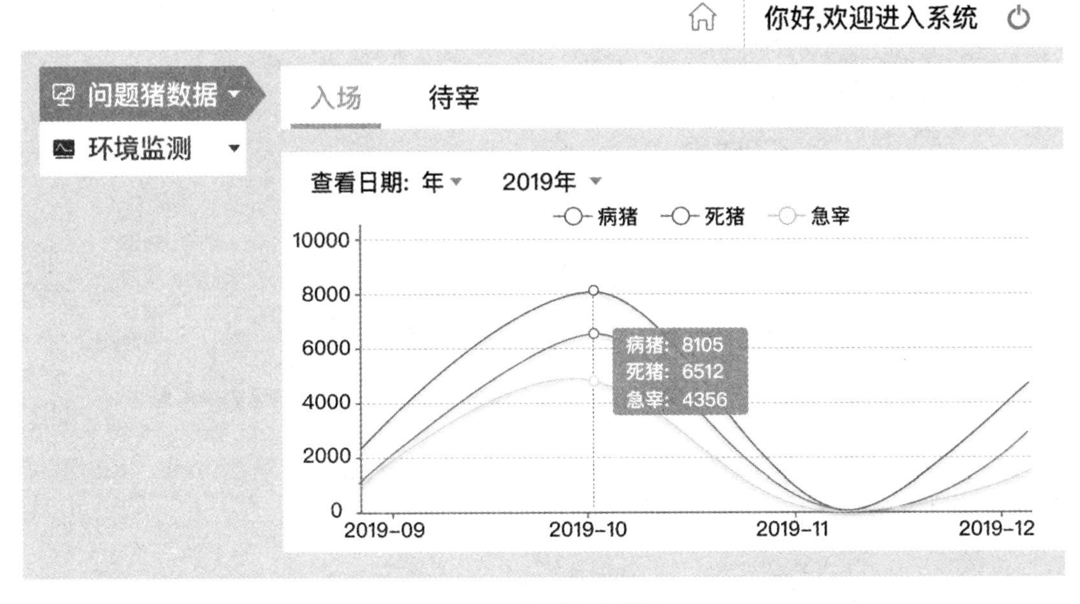

图 9-11 问题畜禽数据

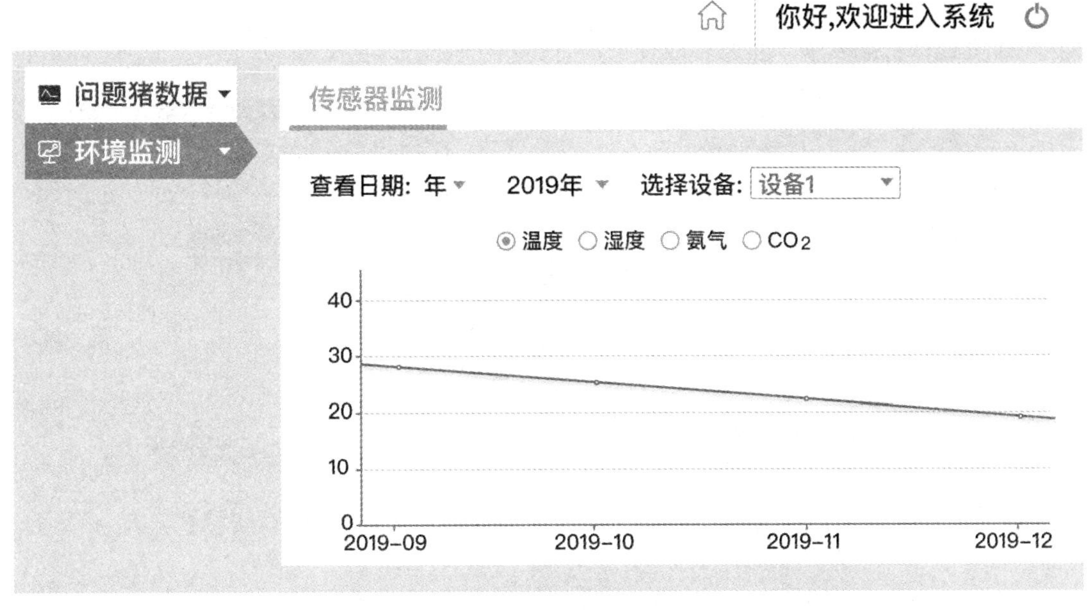

图 9-12 环境监测数据

(5) 消毒。登录系统可以填写畜禽运输车辆进场消毒信息，包括消毒日期、消毒药品及使用浓度、消毒方式、消毒车辆，“进场消毒”登记界面如图 9-13 所示。在“消毒台账”中可以记录消毒时间、消毒区域、药物名称及剂量、用水量、消毒药物浓度、消毒方式、消毒人等信息；“消毒药品”信息包含消毒时间、品名、规格单位、数量、用途、领用人等信息；“消毒配置”一栏登记消毒液配置的日期、消毒场所、消毒项目、水量、药剂量、标准浓度、检测浓度、纠偏措施、检验员信息等信息。

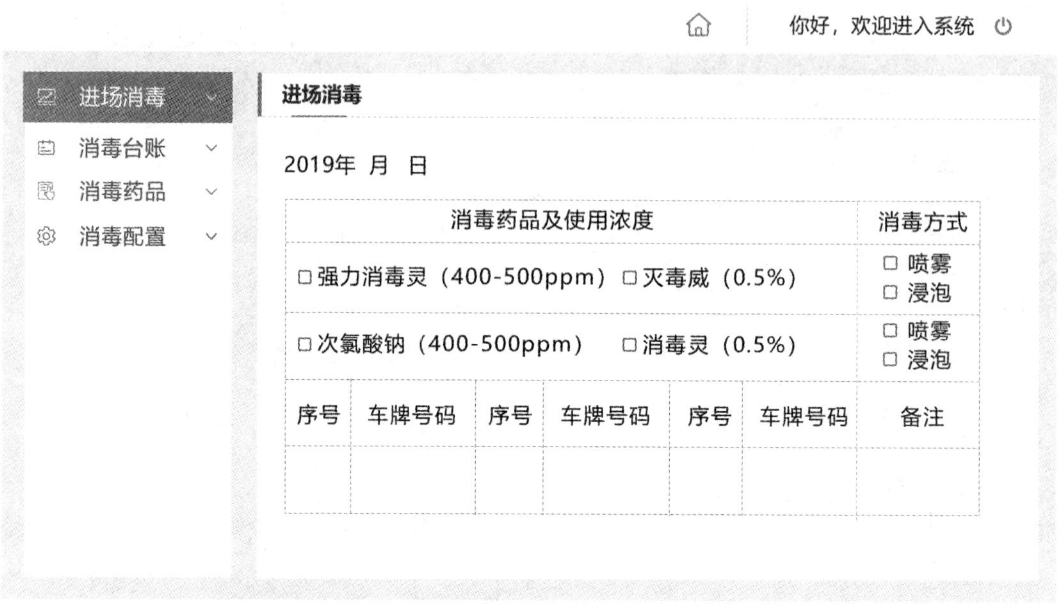

你好，欢迎进入系统

进场消毒
消毒台账
消毒药品
消毒配置

进场消毒

2019年 月 日

消毒药品及使用浓度						消毒方式
□强力消毒灵（400-500ppm） □灭毒威（0.5%）						□喷雾 □浸泡
□次氯酸钠（400-500ppm） □消毒灵（0.5%）						□喷雾 □浸泡
序号	车牌号码	序号	车牌号码	序号	车牌号码	备注

图 9-13 “进场消毒”登记界面

(6) 查找表格。在如图 9-14 所示的下拉菜单中选择“供应商”“登记表”类型、“日期”，即可查询所需表格，获取相应登记信息。

你好,欢迎进入系统

供应商 请选择供应商 登记表* 请选择登记表类型
日期* 请选择时间 请选择时间 查询
生猪宰前检验台账
病死生猪交接表
库存猪死亡记录
入场死亡猪记录表

图 9-14 “表格查询”界面

(7) 流向追溯。追溯信息包括运输车辆追溯信息(包含时间、货主、车牌号、来源地、检疫证号)、运输流向信息、肉品出场信息(包含交易日期、肉品品质检验合格证、屠宰企业、货主、买主、商品名称及数量、交易凭证号、到达地等)、购货方信息等，也可以打

印合格证。“车辆追溯”界面如图 9-15 所示。

你好，欢迎进入系统

车辆追溯
流向信息
打印合格证
流向汇总
出场信息
购货方信息

车辆追溯

车牌号:　检疫证号:
时间日期:

时间	货主	车牌号	来源地	检疫证号

图 9-15　“车辆追溯”界面

(8) 权限管理。该模块主要对系统用户和部门进行管理，管理人员在用户管理模块可以重置登录密码、修改用户状态、添加及删除用户、设置用户操作权限，如图 9-16 所示；在部门管理模块可以添加或删除部门。系统可以根据用户权限进行功能调配，查看或操作相应的数据信息。

你好,欢迎进入系统

用户管理
部门管理

重置密码　删除　修改状态　添加用户

姓名	部门	权限	模块权限	手机号	操作
某某	品质..	修改	供应商备案...	150**	编辑
某某	品质..	修改	供应商备案...	150**	编辑
某某	品质..	修改	供应商备案...	150**	编辑
某某	品质..	修改	供应商备案...	150**	编辑
某某	品质..	修改	供应商备案...	150**	编辑

图 9-16　“用户管理”界面

2. 系统优势

(1) 运用物联网技术采集屠宰场温度、湿度、氨气、CO_2 参数等信息，根据具体情况配备自动控制设备，调控畜禽屠宰环境，创造优质安全的屠宰条件。

(2) 通过多网融合实现数据传输。使用异构网络来保证海量数据传输的准确性和及时性；利用 ZigBee、NB-IoT、Wi-Fi、4G、5G 等无线传输技术实现多节点数据传输，突破采用单一结构网络只能完成点对点通信的局限。

(3) 建设云平台对数据进行计算、存储，满足用户对数据的智能化处理及应用需求。

(4) 智能化、人性化。根据用户经济化管理、智能化控制的需求，利用环境数据与畜禽肉品信息，指导用户进行生产管理或发布相应的设定指令，系统操作简单、便捷。

第 10 章　智慧农业文旅

10.1　田园综合体

“田园综合体”是随着乡村振兴战略实施而产生的农业农村发展建设模式。在加快城乡发展，推进产业融合的过程中，城乡居民对生态产品的需求日益增加，所具备的付费能力也有所提高。但是，我国经济发展进入新常态，农业发展、农民增收面临下行压力，农业转型升级遭遇瓶颈，城市化和工业化使乡村社会功能退化，城乡差距呈现增大趋势，以变革农业农村生产、生活方式为主要目的的田园综合体发展模式应运而生。

田园综合体以为农、融合、生态、创新、持续为理念，结合美丽乡村、特色小镇、特色产业扶贫等政策，在保护耕地、保障粮食安全的基础上发展现代农业，推动三产融合，打造符合自然发展规律的绿色发展模式，鼓励发展创意农业、特色农业，构建完整的农业循环生态链，提高农业综合效益和竞争力，形成功能多样、创新性强的复合型地域经济综合体，让农民获益。

农业生产、产品加工、文旅休闲、生活居住、综合服务是田园综合体建设的基础模块。其中，建设农业生产区的根本目的是确保农业生产稳定发展，在此基础上挖掘农业旅游资源，并将其推向旅游市场；产业加工区对当地生产的农产品进行加工，这是延长农业产业链，提高农产品附加值的关键；文旅休闲区注重主题化开发，挖掘田园风光价值，建设生态宜居乡村；生活居住区的建设重点在于生活、休闲区域的绿化及美化；综合服务区为综合体的可持续发展提供农业生产领域和居民生活领域的服务和支撑。目前，田园综合体建设主要以政企合作的方式进行。无锡市惠山区阳山镇的无锡田园东方是我国第一个田园综合体，广西、云南、四川、山西等十个省份也已开展项目试点工作。

在农村发展陷入瓶颈的情况下，田园综合体建设充分开发、整合了农业农村资源，促进三大产业综合提升，给当地带来经济、生态和社会效益，田园综合体最终也将成为城乡文化聚集与交融的平台。为释放现代农业行业的潜能，可将智慧农业与田园综合体建设结合起来，利用物联网、大数据、人工智能、机器人等技术，使农业生产管理更加智能化，促进不同农业形态的开发与融合。

10.2　智慧农业文旅平台

为了深化农业文旅资源的开发整合，促进资源共享，在农业景区原有资源的基础上建设田园综合体，推动智慧农业文旅发展。建设面向景区、游客、商家和管理部门的智慧农业文旅平台，从而打造集基础建设、智慧管理、智慧服务、智慧营销、智慧保护于一体的智慧景区。

所谓智慧农业文旅，即借助物联网、云计算等技术主动感知、获取、处理与农业文旅

相关的信息，为各个农业文旅环节创造更多的价值。智慧农业文旅是旅游业的第二次变革，凭借其高度的科技含量、战略性、关联性及延展性，成为了农业文旅的重要关注点。发展智慧农业文旅形成新的竞争优势，渐渐成为国内外农业发达地区的共同目标。开展智慧农业文旅建设，有利于提升综合管理和运营能力，为游客提供更完善、更便利的服务，促使农业文旅经济高质量的发展。

1. 智慧农业文旅平台

智慧农业文旅平台建设以突破智能化程度低等发展瓶颈，实现对农业文旅业务的统一智能管理为主要目的。平台建设运用了物联网、大数据、人工智能等技术，充分体现了农业文旅业与现代信息技术的融合。通过建设智慧农业文旅平台，对农业景区实行统一、高效、全方位的现代化监控管理，直观反映景区运营的整体情况，给管理层提供决策依据；同时通过开发智能化子系统，为平台所有用户提供智能化服务。智慧农业文旅平台各组成部分如图 10-1 所示。

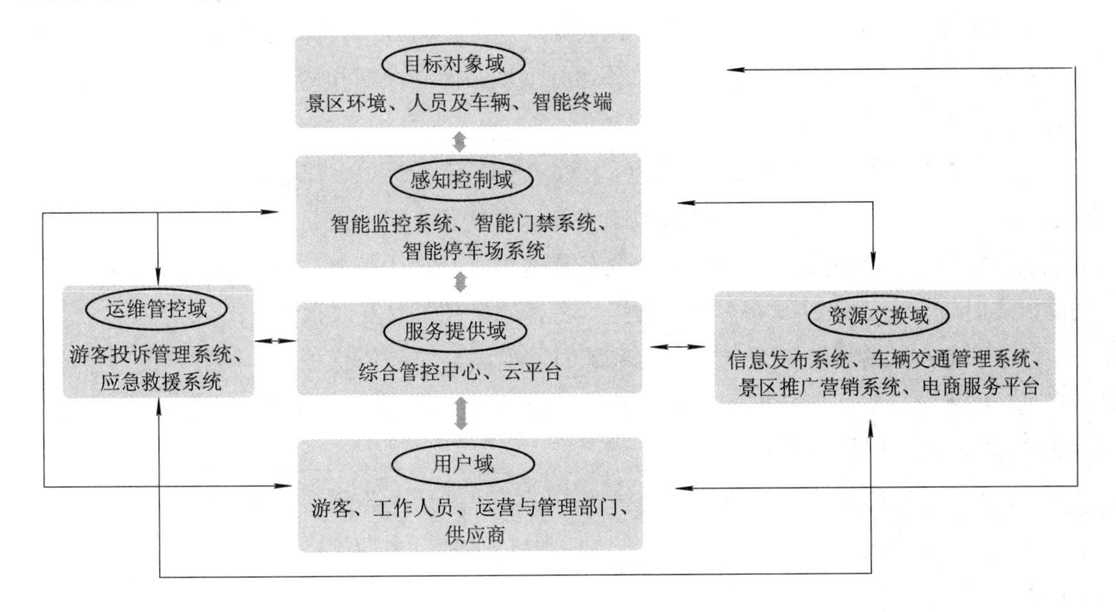

图 10-1　智慧农业文旅平台各组成部分

(1) 目标对象域。目标对象域集合了各类感知控制目标对象，包括景区环境、人员及车辆、智能终端等。

(2) 感知控制域。感知控制域集合了感知、控制的软硬件系统，主要包括智能监控、智能门禁、智能停车场等应用，利用环境监测、定位导航、标签识别等设备，结合传感网系统，采集景区温度、湿度、异常灾害、客流密度、游客地理位置等信息，并通过智能设备进行操控。

(3) 服务提供域。服务提供域负责对平台内的智能系统进行统一管控，数据的加工、处理、分析均在这里完成。

(4) 用户域。用户域集合了智慧农业文旅服务系统关联的所有用户，包括游客、工作人员、运营与管理部门、供应商等。

(5) 运维管控域。运维管控域涉及系统的接入管理、运行管理和安全设备管理，以及法规执行监督等内容，为景区设备和系统的安全运行、景区内人员行为的合法合规提供保障。

(6) 资源交换域。资源交换域集合了资源共享与交换软硬件系统，用于实现智慧农业文旅服务系统与外部系统间的资源交换和共享。

2. 智慧农业文旅平台的系统组成

智慧农业文旅平台主要由以下系统组成：

1) 感知控制域的关键系统

(1) 智能监控系统。智能监控系统覆盖景区的主要区域，包括景区出入口、室内外停车场、售检票区域、游客易集中的重要园点、游客服务中心等。总控中心对各分控中心进行统一管理，在总控中心可查看所有监控区域的实时视频。车辆调度管理的实现主要依赖于可视化地图，其中可以显示车辆所在地及移动轨迹。智能监控系统也支持智能巡检，结合质量诊断服务器和网管服务器，在设备运行出现故障时及时报警，以报表、图表形式予以显示，从而提高系统运维效率。

(2) 门禁管理系统。门禁管理系统可以对 RFID 电子标签、二维码、指纹、人像等形式的景区门票、停车卡、一卡通进行数据读取、存储和校验；支持门禁设备的离线存储、记录功能，联网后可实现数据同步；还具备景区最大承载力核算功能和景区拥挤程度预测功能，实时统计、上报、发布客流量数据，在客流量超限时及时报警。

(3) 智能停车场系统。智能停车场系统通过视频监控等传感技术、物联网通信技术、信息处理技术等采集、分析并实时发布停车信息，具备停车诱导、停车费电子支付等功能。

2) 服务提供域的关键系统

(1) 景区综合管控中心。景区综合管控中心是智慧景区各分系统的汇集、管理、应急指挥调度中心，通过与云数据处理平台、协同办公平台、电商服务平台等分系统的数据对接，实现对景区的高效、直观管理。

(2) 云平台。云平台完成对多元数据的集成、处理与交换，使景区管理部门和其余关联部门之间实现信息共享和协作联动。

3) 运维管控域的关键系统

(1) 应急救援系统。应急救援系统与智能监控、信息发布等系统联合，实现应急预案提供、综合指挥调度等功能，实时监控游客地理位置，接收报警信息，开展安全指引和救助。同时与景区所在地政府的应急管理中心建立数据对接，便于在必要时开展联合救助。

(2) 游客投诉管理系统。游客投诉管理系统可以快速响应、跟踪、整理游客咨询及投诉，通过设立景区官方网站、微信公众号、文旅热线等游客投诉及咨询端口，并建立反馈评价体系，确保游客投诉得到及时处理。系统同时监督管理景区网络舆情，定期自动生成

舆情报告，及时预警潜在的舆论危机。

4) 资源交换域的关键系统

(1) 信息发布系统。信息发布系统集成实体显示屏幕和虚拟显示屏幕，统一管理信息发布实体设备，实现对景区农业文旅信息的跨平台、跨终端统一发布。

(2) 车辆交通管理系统。车辆交通管理系统对景区及其周边实时路况进行监测，统计、分析、预测路况数据，及时展示、推送路况信息，为游客出行提供智能规划服务。

(3) 景区推广营销系统。推广营销系统借助景区官方网站、官方微信公众号等多种信息终端，对景区进行宣传推广，提升景区知名度，并与导览系统、票务管理系统、电商服务平台、云数据处理平台协作，完善营销方式。

(4) 电商服务平台。电商服务平台可实现农业文旅信息查询、景区产品网络预订等功能，相关的支付行为也可以在该平台完成。

10.3　共享农场

共享农场是田园综合体的一种具体表现形式。采用“互联网+农业”的方式发展特色农业，在此基础上打造集农事体验、休闲娱乐、旅游观光、科普教育、物流、餐饮于一体的综合性共享农场，既提高了果蔬种植、采收、加工、溯源的效率，也推动了农业与文化、教育、旅游产业的融合，有助于推动农业文旅经济的发展。

1. 建设方案

1) 果蔬种植管理平台

果蔬种植管理平台界面如图 10-2 所示。

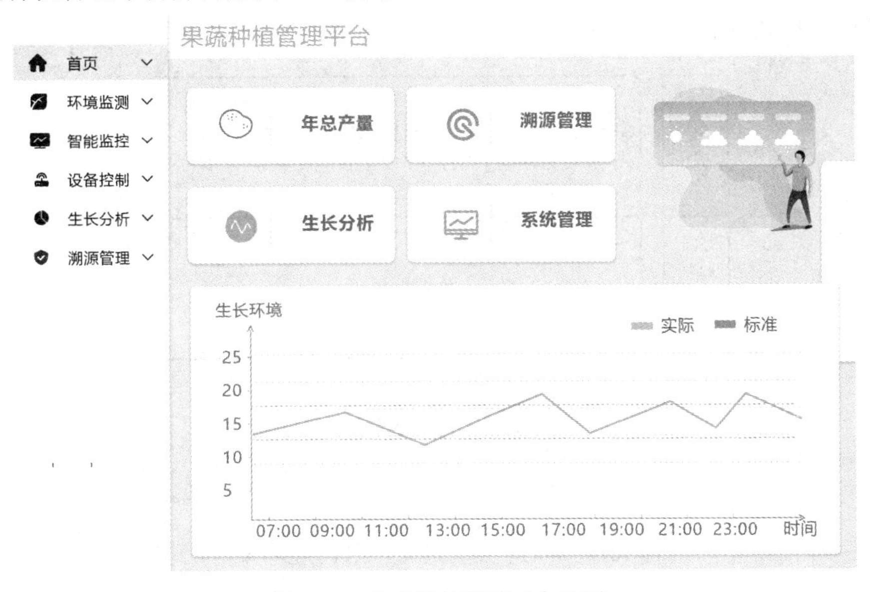

图 10-2　果蔬种植管理平台界面

果蔬种植管理平台的具体功能包括：

(1) 采集果蔬种植信息。监测果蔬种植现场的土壤墒情、气象状况等环境信息，获取果蔬的生长状况和病虫害情况信息。

(2) 自动控制果蔬种植管理设备。根据农业专家库的标准和采集的果蔬种植信息，自动控制果蔬种植管理设备，调节果蔬种植区域的温度、湿度、光照、灌溉量、施肥量等参数。

(3) 果蔬溯源。综合利用传感器、GPS/北斗定位、RFID、数据库、质量检验等技术，采集、管理果蔬种植、加工、运输等环节的信息，生成二维码标签，使果蔬供应链上的信息能被完整追溯。

2) 大数据基础支撑平台

考虑到未来数据的增长和横向可扩展性，创建大数据基础支撑平台，包含图数据库和Hadoop 平台，其中 Hadoop 平台用于支撑历史数据、非结构化数据(包括音频、图片、日志文档等)的转换、存储及分析。

3) 信息发布和智能处理

包括中央控制室统一管理、紧急信息报警提示、终端信息发布处理等功能。此外，后台还提供果蔬种植墒情及病虫害信息分析、三维场面清晰定位显示等功能。

4) 电商/经销商/金融平台

采用高新技术和现代组织模式，创建果蔬流通平台，解决果蔬流通及信息推广的问题。

5) 智慧农业文旅

智慧农业文旅服务系统的总体架构如图 10-3 所示。系统依托智能网络对农场内的农业资源、农业文旅服务设施、游客及工作人员进行管理，提高农场服务质量，促进农场的经济与环境可持续发展。

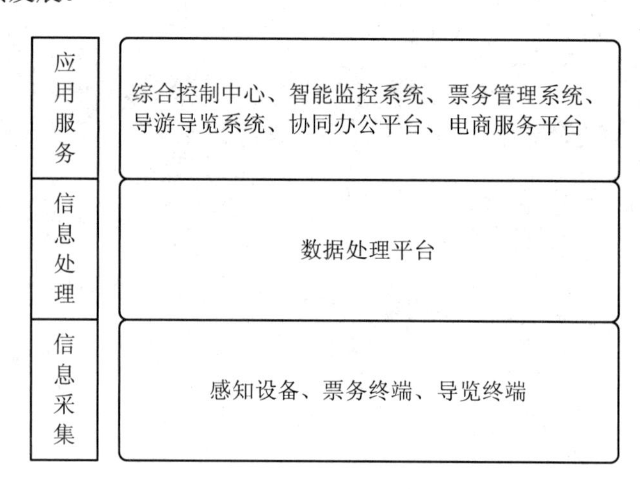

图 10-3　智慧农业文旅服务系统的总体架构

6) 智慧管理平台

共享农场内部的即时沟通、流程审批(如设置项目流程、请假及报销申请)、文档和任务管理等均通过 OA 办公系统实现。

2. 现实意义

(1) 科学种植。通过分析传感器采集的数据，选择和营造适合果蔬生长的种植环境，并实时监测环境变化。

(2) 精准控制。系统通过布置的各种智能设备，能够快速控制果蔬种植区域的光照强度、CO_2 浓度、温度、湿度等指标。

(3) 提高效率。物联网果蔬种植模式比传统种植模式更加高效、准确，能从本质上使果蔬种植体系智能化、自动化、长远化。

(4) 绿色农业。在传统果蔬种植过程中，不能对所有数据进行实时监测、记录，但农业物联网可以实现这一功能，实时追踪果蔬种植过程，发展绿色农业。

(5) 智慧农业文旅。实现对农场内的人员、资源的合理规划，充分利用农场的农业资源发展农业文旅经济，且提高了服务效率。

10.4　花卉产业智慧农业生态园

作为观赏性农产品的花卉是许多现代农业园区最具特色的生物资源之一，花卉产业也被不少地区列为农业文旅产业进行重点培育，但传统的花卉种植模式已远远不能满足其产业发展需求，产业布局分散、聚集程度低、信息化水平低等都成为限制花卉产业发展的主要因素。在花卉产业管理过程中加以应用物联网技术，是推动花卉产业转型升级重要手段。建设基于农业物联网，集花卉种植、产品溯源、文旅观光、科普教育、智慧物流、餐饮服务于一体的花卉产业智慧生态园，可以延长花卉产业链，有效提升花卉产业的附加值。

1. 花卉种植管理平台

花卉种植管理平台的建设除利用现有基础设施，还布设了自动化、可视化设备，同时搭载农业生产因素感知、水肥一体化、移动喷灌及滴灌、农业数据分析等系统，以实现种植环境控制智能化、花卉灌溉精准化、数据采集分析自动化、信息传输无线化、过程管控可视化。不同花卉种植和同一花卉对比种植同时进行，采集、记录、分析、处理相关数据，在此基础上探索、研究花卉生长参数及模型。

花卉种植管理平台具体功能包括：

(1) 种植环境监测。在每一块花卉种植区域配备一套无线传感采集系统，包含温度传感器、湿度传感器、土壤肥力传感器等设备，并通过无线传感器网络将各设备采集的数据上传至上位控制主机。这些数据为花卉种植提供实况分析资料，使花卉种植管理过程更加科学，通过积累大量数据，也有利于形成花卉种植环境标准，为后续开展种植工作提供指导。

(2) 种植场景视频监控。在种植区域布设无线远程监控节点，视频数据通过 WLAN 网络传输到控制后台，管理人员通过手机、电脑查看现场情况，并可控制旋转云台和变焦，观察花卉的细微变化，如病虫害等现象。视频监控界面如图 10-4 所示。

图 10-4　种植现场视频监控界面

(3) 花卉种植管理设备自动控制。设备自动调节的参变量来源于监测系统采集的实时数据，结合花卉生长所需条件，设定设备运行规则，实现对滴灌、施肥、补光等环节的自动控制，优化花卉生长环境。

(4) 病虫害分析。通过查看现场采集的图像，管理人员可以了解花卉病虫害情况，储存每日采集到的数据，形成病虫害数据库，以便进行病虫害分析，并采取科学有效的防治措施，病虫害分析界面如图 10-5 所示。病虫害数据库中的信息能以图表、列表形式展示给农业专家，进而开展花卉种植远程在线辅导答疑、技术咨询、病虫害诊断等工作。

(5) GIS 地理信息服务。GIS 具有较强的存储、管理及分析功能，可应用于花卉种植信息监测、种植部署规划等方面。将 GIS 应用系统与花卉种植管理设备联动，即可在电子地图上查看设备安装位置和运行状态。

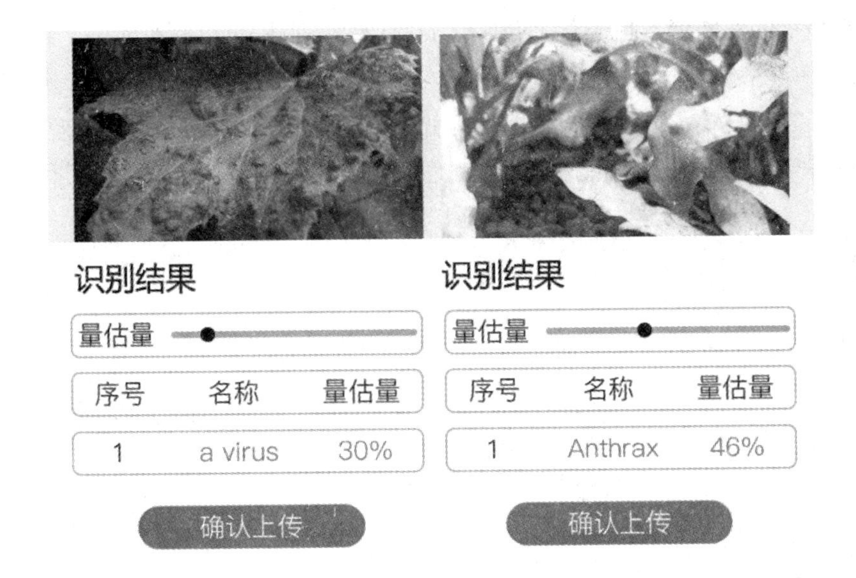

图 10-5　病虫害分析界面

2．花卉溯源平台

为实现花卉溯源功能，完整追溯种子来源、生长环境、肥料使用情况、生长周期、物流运输等信息，需利用物联网、无线传感、电子标签、数据库、GPS 定位等技术。溯源主体包括花卉生产者、消费者及质量监管者，溯源平台的正常运营为溯源流程的推动提供保障。

3．电子商务平台

为了花卉生产增值，除了提高产量和质量，还需要建立完善的花卉流通体系。建立电子商务平台，完善其营销、支付、物流、网站配置等功能，可以将商家之间、商家与消费者之间的交易活动转移至线上进行，突破时空限制，提高效率。电子商务平台架构如图 10-6 所示。

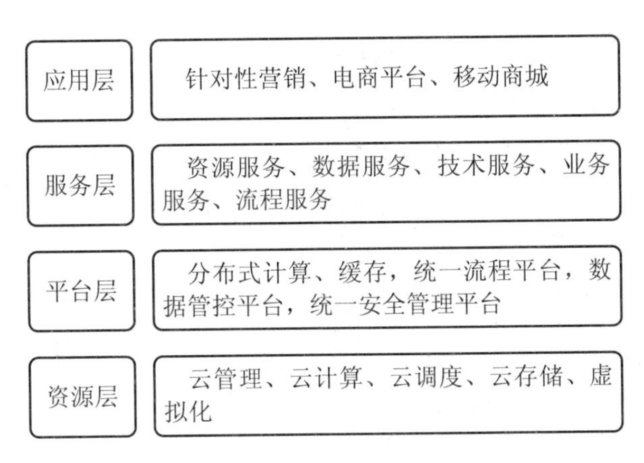

图 10-6　电子商务平台架构

区别于传统的实物流，电子化、数字化的农业商务流程可以减少人力、物力消耗，降低成本。此外，基于电子商务的开放性特点，商家可获取更多的信息资源，开展互联网营销，扩大产品宣传规模，同时也为消费者开辟了解产品的新渠道，进而创造更多的贸易机会，电子商务平台与线下销售模式相结合，形成一套完善、规范的花卉流通体系。

第 11 章　农业物联网安全及其可靠性

11.1 农业物联网安全

11.1.1 农业物联网安全问题

为了促进农业物联网的健康发展，势必要解决农业物联网本身存在的各种问题，其中也包括安全问题。农业物联网信息感知、信息网络传输、信息应用均呈现出多样化的特点，这也使农业物联网的安全面临着更为严峻的挑战。

1. 感知层安全问题

农业物联网感知节点一般由传感器、图像监测设备等组成，信息感知节点的结构及其信息感知功能实现相对简单，但由于整个感知层需要采集、识别以及传输的信息种类多、数据量大，所以需要设立较多的感知节点以满足信息获取需求，由此致使节点之间的自组网络繁杂，管理控制难度大，容易出现误差，增加了遭受安全攻击的风险。再加上各感知设备安全防护能力低，且其中的数据传输没有特定的标准，难以建立统一的安全防护体系，节点被篡改、信息被伪造或窃取、通信受阻甚至节点网络瘫痪等都是极有可能发生的安全事故。

2. 网络层安全问题

网络层通过有线或无线通信技术传输海量信息，实时的数据传送需求要求网络层具有高度的稳定性和可靠性。网络层中的核心网络通常具备较为完善的安全防护机制，安全性能较高，但由于农业物联网数据采集节点众多，且多以集群方式存在，同时进行多节点的大量数据传输极有可能导致网络不畅，最终无法提供信息传输服务，还极有可能发生数据流失事故。

基础通信网络所面临的常见安全威胁，如非法接入、数据窃取、病毒入侵等，仍然存在于农业物联网网络层的数据传输过程中。另外，在网络层中还存在多种类型的异构网络，在安全性、统筹性方面存在潜在风险，实现各异构网络之间的相互连通还需要解决协议转换、跨网认证等安全问题。除此之外还要解决核心网络安全防护系统和异构网络互联互通、安全认证、访问控制的问题，以保障农业物联网系统正常运行。

3. 应用层安全问题

农业物联网应用层分析、处理所接收的信息并开展决策、应用，直接面向终端用户，完善系统认证机制并设定严格的访问权限是提高农业物联网应用层安全性能的关键。用户在应用系统过程中必将会被收集大量个人隐私数据，也就涉及隐私泄露问题，确保用户隐私不受侵犯是农业物联网发展过程中需要优先解决的问题。

农业物联网数据来源多、体量大，众多功能不一的数据平台协同完成对这些数据的处

理，提高数据处理效率、保证数据安全是处理海量数据时面临的重大挑战。此外，考虑到智能处理失误发生的情况，农业物联网还需要具备意外控制、及时止损并快速恢复系统正常运行的能力。

11.1.2　农业物联网安全保障技术

农业物联网的安全需要有充足的技术条件作为保障，但目前还没有成熟的安全保护技术能够实现对农业物联网中海量数据的高质量监管。现有的互联网安全机制，包括认证机制、加密机制等，也可以用于农业物联网，但农业物联网具有复杂性和多样性特点，所以仍需在原有的互联网安全机制基础上，开发针对农业物联网安全的个性化技术，以保障农业物联网各个层次的安全。

农业物联网横向防御体系要求在各层次内部设立安全防护，而纵向防御体系要求在各层次之间设立安全防护，防止层与层之间的安全问题扩散，以此形成全面的防护体系。在建立纵向防御体系时，首先应建立农业物联网安全管理支撑平台，集成用于提高农业物联网安全性能的所有安全基础设施，如数据存储、身份认证、密钥管理等设施，使其形成共同发挥安全保障作用的整体。

1. 感知层安全保障技术

农业物联网感知层系统功能相对简单，设备处理能力不能满足传统安全保障技术对资源的需求，所以需要利用安全芯片、安全通信技术等开展安全防护，其中涉及多种轻量级密码算法和安全协议。

轻量级密码算法(如 PRESENT、LBlock 等)的优点在于其加密过程不需要使用过多的资源，农业物联网感知层节点因其在数据存储和处理方面的局限性，所使用的密码算法也需要符合一定的限制条件，因此可以使用轻量级密码算法来提升其安全性能。

安全协议是用来抵抗攻击，维护程序正常运行的协议。在实际应用中，安全协议主要用来保障协议参与方的身份、位置、传输的秘密信息等不被泄露。农业物联网感知层涉及的安全协议包括 RFID 所有权转移协议、认证协议、距离约束协议等。感知层具有数据来源复杂、异构网络多样、资源有限等特点，不具备实施传统安全协议的条件，而轻量级安全协议能在不影响数据传输安全性和准确性的情况下有效减少通信次数、流量以及计算量，其开发应用对于实现农业物联网感知层的安全意义重大。

在农业物联网感知设备内放置安全芯片进行数据加密处理，再结合解密设备，可以保障感知节点及其所采集信息的安全和有效利用。感知设备和服务器之间的数据传输与命令发布过程也可以利用密码认证技术，以双向身份认证的方式确保所接入的感知终端和所访问的服务器都是安全的，避免有害数据传入服务器，也可防止感知设备受非法命令的控制。

2. 网络层安全保障技术

农业物联网网络层包含互联网、移动通信网和无线传感网。为了确保网络层应用安全，需要先处理多网融合问题和传感网路由问题，构建统一的路由体系、设计可抗攻击的路由算法是解决以上问题的常用方法。

入侵检测、容侵容错、防火墙、数据加密等技术是保障数据传输安全的有效防护措施，其中入侵检测技术能够识别和处理系统入侵、信息资源的恶意使用等行为。容侵技术(如安全路由容侵、网络拓扑容侵、数据传输容侵等)的应用可以减少恶意入侵对网络造成的不良影响，让网络保持正常运行；容错技术(如网络拓扑容错、网络传输容错等)能够在系统故障存在的情况下使数据传输照常进行。综合运用容侵容错技术，能够提高农业物联网网络层节点或链路的结构自愈能力，得以在故障发生后及时恢复数据传输。

防火墙技术指的是集合软件、硬件设备，在网络与网络之间构建信息安全保护屏障的技术。网络层不同网络之间建立的防火墙作为唯一的数据通道，可以对传输过程中的数据进行检查和验证，在发现可疑信息时及时给出提醒，并阻止异常信息的传输，避免农业物联网内部系统被恶意控制。

数据加密技术的本质功能是信息转换，数据加密其实就是对数据的意义进行消解，使其不具备可识读性，而数据解密则相当于数据意义的重建，使数据能够被理解，整个数据转换过程由密钥进行控制。数据加密技术分为对称加密和非对称加密两种：对称加密只使用了一种密钥，加解密效率高且不易被破解，多应用于本地加密机和无线局域网络中，但是在使用过程中需要特别注重密钥的安全问题，DES、3DES、AES 均属于这一类型；非对称加密同时采用公开密钥和私有密钥，这两种密钥能且仅能解密彼此所加密的数据，复杂的加密算法增强了保密性能，对硬件设备也具有较高要求，RSA、ECC、DSA 等属于这一类型。在农业物联网网络层的数据传输过程中运用数据加密技术，也能够有效防止数据被窃取和篡改。

3. 应用层安全保障技术

前端采集传输的农业监测数据在农业物联网应用层经云计算平台处理后与各智能应用相结合，最终实现农业物联网的功能，可以说农业物联网应用层是农业物联网业务和安全的核心。应用层涉及的安全保障技术主要包括云平台安全技术和隐私保护技术。

数据安全是农业物联网应用层安全的关键，农业数据统一存储于云平台，增强加密、数据隔离、密钥管理等技术都需要在数据存储过程中得到充分利用，同时也要保障虚拟化环境下农业云系统的安全，防止农业云服务被滥用。

隐私保护技术主要用于保护农业核心设备的身份隐私和位置隐私。前者指的是不泄露数据发送设备的身份；后者指的是农业物联网控制中心获取农业关键核心设备的运行状态信息，并且保证设备的位置信息隐秘。

11.2　农业物联网设备的可靠性

农业物联网通过传感器模块、物联网关、通信及组网模块、智能控制设备等硬件实现感知、处理、通信、控制等功能。农业物联网是一个非常复杂的系统，不同领域、不同生产流程的环境差异大，较大的干湿度变化、温度变化、腐蚀性气体(盐雾)等环境可靠性因素以及雷击(Surge)、静电放电(Electro-Static Discharge，ESD)等电磁干扰因素都会对农业物联网生产设备及其生产效率产生影响，因此电磁兼容性、环境可靠性和安规的设计对于保障农业物联网设备稳定性、可靠性和数据准确性具有重要意义。

11.2.1　农业物联网设备电磁兼容性

农业物联网设备的工作可靠性和安全性受其电磁兼容性能的影响，如果农业物联网系统内部各部分正常工作，不干扰其他系统，也不会遭受其他系统的电磁干扰，则说明该农业物联网系统具备良好的电磁兼容性能。农业物联网设备电磁兼容包含两个方面的要求：一是农业物联网设备需具备电磁抗扰能力,能够抵抗电磁骚扰(电磁现象的一种，会导致设备不能正常使用，Electronic Magnetic Disturbance，EMD)，维持使用性能；其次是农业物联网设备自身不会对周围其他设备造成电磁干扰(由电磁骚扰引起的设备、系统性能降低的结果，Electronic Magnetic Interference，EMI)。

EMC 测试是判断农业物联网设备电磁兼容性能的主要方式，也是使农业物联网设备满足互用性(Interoperability)的前提，具体指的是利用农业物联网设备 EMC 标准和规范规定的测试方法，测试农业物联网设备的电磁敏感性(对电磁影响的可承受程度，Electronic Magnetic Susceptibility，EMS)及其所能造成的电磁干扰，再与测试标准进行比照，得出测试结果。

电磁敏感性测试也叫电磁抗干扰测试，农业物联网设备的电磁敏感性越低，意味着其电磁抗干扰能力越强。如果农业物联网受试设备(Equipment Under Test，EUT)在某电磁环境中能够正常工作，即可判定该设备在这一电磁环境中具备抗扰性。电磁抗干扰测试项目包括静电放电(ESD)抗扰度测试、射频电磁场辐射抗扰度(Radiated Susceptibility，RS)测试、电快速瞬变脉冲群(Electrical Fast Transient，EFT)抗扰度测试、雷击浪涌抗扰度测试、低频传导抗扰度测试等。

电磁干扰的传播形式有两种，即传导和辐射，在测试电磁干扰时，需要根据其传播形式采取相对应的测试方法。由于电磁干扰传导需要依托传导媒介，通常是一些导电介质(如电源线、互连线、控制线等)，因此可以用电流法、功率法、电源阻抗稳定网络法等测试传导干扰。电磁干扰辐射不需要依托任何媒介，而是直接以电磁波形式传播，辐射干扰测试测的是磁场及电场干扰场强，对测试环境有特定的要求，天线法和诊断法是主要采用的测试方法。

通过 EMC 测试可以找出农业物联网设备的电磁兼容薄弱点并进行改进，即进行电磁兼容(Electronic Magnetic Compatibility，EMC)设计，这是提高农业物联网设备电磁兼容性能的关键手段。电磁骚扰发射后通过特定耦合机制(如传导、高频、辐射等)被易感设备接收，造成电磁干扰，所以减少农业物联网设备的电磁干扰，可以从抑制骚扰源、破坏耦合机制、降低接收设备敏感度三个角度入手。农业物联网设备应用日渐广泛，克服电磁干扰的技术手段需要同步提升，以解决电磁兼容问题，保障物联网系统正常运行。

11.2.2　农业物联网设备的环境可靠性

环境可靠性(Environmental Reliability)指的是在某种环境条件下，设备能够正常工作的概率，是在材料、设计、制造、测试因素之外，影响设备性能的又一关键因素。为了使农业物联网设备在实际应用过程中经受住气候环境、机械环境等的影响，需要对其进行环境可靠性测试和环境适应性设计。

环境可靠性测试分为气候环境可靠性测试、力学环境可靠性测试和综合环境可靠性测试。其中，气候环境可靠性测试包括高温、低温、快速变温、低气压、紫外光老化、混合气体腐蚀、盐雾腐蚀测试等；力学环境可靠性测试包括随机振动、碰撞、跌落、机械冲击测试等；综合环境可靠性测试包括温度气压、温度振动、温度湿度振动综合测试等。对农业物联网设备进行以上测试，有利于掌握设备的环境可靠性水平，结合实际情况进行可靠性提升。

环境适应性设计是提高设备的环境适应性的必然要求，其采用的方法主要有两种，即消解环境影响和提高设备的抗环境干扰能力。减振设计、气密密封设计、冷板设计等是消解环境影响的常用方法；在选择农业物联网设备制作材料、元器件时将抗环境干扰能力作为筛选条件，在制作设备过程中加入表面镀层等工艺，能够有效提升农业物联网设备本身的抗环境干扰能力。当然，对不同设备或应用于不同环境的同一设备进行环境适应性设计，其依据的参数和标准也具有差异，例如同样是温度传感器，将其应用在农业生产、加工、物流运输等不同领域时，其环境适应性设计参考的参数和标准也应有所调整。

农业物联网设备的智能化、多功能化、集成化、微型化特点日趋明显，所需元器件数量成倍增长，对环境适应性设计的需求也持续增加。农业物联网服务范围扩大使农业物联网设备面临的环境条件愈加复杂，对环境可靠性的要求也不断提高。例如，我国农业从南到北的生产环境各具特点，在农业物联网生产过程中，农业物联网设备就需要经受不同等级温度、湿度、气压、淋雨、浸水、盐雾等的影响，环境适应功能应更加多元，这也是评判设备整体性能的重要标准。

对农业物联网设备而言，环境可靠性是产品竞争的核心因素之一，环境可靠性越高，使用稳定性越强，使用体验更为友好，也有利于提升农业物联网设备制造企业的声誉。为进一步增强农业物联网设备的环境可靠性，使可靠性测试与实际需求更加贴合，还需要建立环境可靠性评价体系标准。以作为农业物联网基础设施的传感器为例，国家标准与行业标准主要集中在灵敏度、校准、技术规范方面，缺乏环境可靠性测试与评判标准。为改变传感器环境可靠性水平参差不齐的现状，给产品设计人员、检验人员、使用人员提供指引，推动建立农业物联网行业规范，亟需开展传感器等农业物联网设备的环境可靠性测试、评判标准的建立工作。农业物联网设备或系统一旦发生故障，会导致农业生产系统、食品溯源系统、环境监测系统等的失效，因此提高农业物联网设备的环境可靠性，对于减少事故发生和经济损失，保障农业生产和管理具有重要意义。

11.2.3　农业物联网设备安规

安规(Production Compliance)包含针对产品安全性能所设立的一系列规定，大多数国家与地区都设立了本国的产品认证机构，使用不同的安规标准，目前主要存在两大安规体系，以 UL(Underwriter Laboratories)、CSA(Canadian Standards Association)为代表的美系标准，还有欧盟 IEC(International Electrotechnical Commission)、CE(Conformite Europeenne)标准。

农业物联网设备安规是指农业物联网设备在零件选用、设计、开发、检验和使用上都必须符合销售地的法律、法规及产品标准规范的安全规定。农业物联网设备安规认证项目主要涉及电流、温度、电磁兼容性等方面，如抗电强度测试、泄漏电流测试、接地电阻测试、耐温测试、电磁兼容性测试等，且对设备中使用的印制电路板(Printed Circuit Board, PCB)、绝缘电阻、外壳设计、变压器、绝缘材料等方面都有严格的要求。

为提升农业物联网设备的安全性和竞争力，需要对其进行安规设计。农业物联网设备安规设计以确保各类物联网设备的使用安全为目的，防止用户与维修人员遭受人身伤害，也防止使用环境受到污染和破坏，造成财产损失。与物联网安全设计不同，农业物联网安规设计侧重于机械、结构安全，而不是网络、数据、通信安全。

农业物联网设备由大量电子器件以复杂形式组合而成，进行安规认证，其元件、材料、设备本身、生产工厂都必须符合限制要求，经过认证机构定期和不定期的监督检查，获得认证机构颁发的证书，并按规定添加认证标志。各类农业传感器、网关、智能控制设备必须经过安规认证，才能出厂、销售，最终投入使用。经过安规检验的农业物联网设备，可靠性与稳定性更强，使用寿命也更长。

11.2.4　农业物联网系统故障诊断

农业追求智能化发展，必将加深农业物联网系统的规模化和复杂化程度。在农业生产过程中，为了保障农业物联网系统的可靠性和安全性，有必要对农业物联网系统进行科学的监控与管理，在故障征兆或故障发生时采取及时的诊断处理措施以减少损失，故障诊断方法在这个过程中发挥着重要作用。

依据建模方法和处理手段的差异，可以将故障诊断方法分为以下三种类型：

(1) 基于解析模型的诊断方法。使用该诊断方法的首要步骤是构建诊断对象的数理模型，诊断结果是否准确很大程度上取决于模型精确度的高低。实行该诊断所使用的算法通常比较简单，通过解析模型即可得到所诊断目标的状态信息。

(2) 基于信号处理的诊断方法。该诊断方法通过分析目标对象发出的信号来检测其状态，所采用的判断依据主要是目标对象的特征参数数据，包括频率、方差和幅值等。与基于解析模型的诊断方法相比，这种方法适应性较强，但是诊断准确率较低，其中的小波变换分析方法能有效抑制噪声，故障检测灵敏度较高。

(3) 基于知识的诊断方法。基于知识的诊断不需要构建模型，过程中主要使用了知识处理技术，智能化特征明显，适用性相对较强。该类型的诊断方法主要有专家系统故障诊断方法、神经网络故障诊断方法、数据融合故障诊断方法等。

附录　与农业物联网相关的缩略语

缩 略 语	英 文 全 称
IoT	Internet of Things
RFID	Radio Frequency Identification
WSN	Wireless Sensor Networks
GPS	Global Positioning System
GIS	Geographic Information System
RS	Remote Sensing
AI	Artificial Intelligence
NB-IoT	Narrow Band Internet of Things
ITU	International Telecommunication Union
FAO	Food and Agriculture Organization of the United Nations
NERC	Natural Environment Research Council
ISO	International Organization for Standardization
ETSI	European Telecommunications Standards Institute
EAN	EAN International
UCC	Uniform Code Council
DLT	Distributed Ledger Technology
UAV	Unmanned Aerial Vehicle
PB	PetaByte
EB	ExaByte
ZB	ZettaByte
XML	Extensible Markup Language
HTML	Hyper Text Markup Language
SaaS	Software as a Service
PaaS	Platform as a Service
IaaS	Infrastructure as a Service
DFS	Depth-First-Search
SQL	Structured Query Language
DES	Data Encryption Standard
3DES	TDEA，Triple Data Encryption Algorithm
AES	Advanced Encryption Standard

续表一

缩 略 语	英 文 全 称
RSA	RSA Algorithm
ECC	Error Correcting Code
DSA	Digital Signature Algorithm
EMC	Electronic Magnetic Compatibility
ESD	Electro-Static Discharge
EMD	Electronic Magnetic Disturbance
EMI	Electronic Magnetic Interference
EMS	Electronic Magnetic Susceptibility
EUT	Equipment Under Test
RS	Radiated Susceptibility
EFT	Electrical Fast Transient
UL	Underwriter Laboratorie
IEC	International Electrotechnical Commission
CE	Conformite Europeenne
MEMS	Micro-Electro-Mechanical System
ANN	Artficial Neural Network
CNN	Convolutional Neural Network
PC	Personal Computer
CCD	Charge-coupled Device
USB	Universal Serial Bus
SD Card	Secure Digital Memory Card
NDVI	Normalized Difference Vegetation Index
LAI	Leaf Area Index
CPU	Central Processing Unit
iOS	iPhone Operation System
LTE	Long Term Evolution
4G	4th Generation of Mobile Communications
5G	5th Generation of Mobile Communications
APP	Application
UE	User Equipment

续表二

缩 略 语	英 文 全 称
3GPP	3rd Generation Partnership Project
P2P	Peer-to-Peer
PMP	Point to Multi-Point
AC	Access Controller
AP	Access Point
WLAN	Wireless Local Area Network
IP	Internet Protocol
CPE	Customer Premise Equipment
OFDM	Orthogonal Frequency Division Multiplexing
MIMO	Multiple Input Multiple Output
eMBB	Enhanced Mobile Broadband
mMTC	Massive Machine Type Communication
uRLLC	Ultra Reliable & Low Latency Communication
TDD	Time Division Duplexing
FDD	Frequency Division Duplexing
VR	Virtual Reality
OA	Office Automation
LED	Light Emitting Diode
GPRS	General Packet Radio Service
COD	Chemical Oxygen Demand
PDA	Personal Digital Assistant
UPS	Uninterruptible Power Supply
PCB	Printed Circuit Board
GEO	Geostationary Earth Orbit
IGSO	Inclined Geo Synchronous Orbit
MEO	Medium Earth Orbit
SMS	Shortmessage Communications
SAR	Search and Rescue
SBAS	Satellite-Based Augmentation System
PPP	Precise Point Positioning

续表三

缩　略　语	英 文 全 称
GBAS	Ground Based Augmentation System
ES	Expert System
LVDI	Linear Variable Differential Inducer
LVDT	Linear Variable Differential Transformer
GA	Genetic Algorithm
PCA	Principal Component Analysis
ACO	Ant Colony Optimization
PoS	Proof of Stake
PoW	Proof of Work
DPoS	Delegated Proof of Stake
EPC	Electronic Product Code
SERS	Surface-Enhanced Raman Spectroscopy
RRS	Resonance Raman Spectroscopy
CRS	Confocal Raman Spectroscopy
PCA	Principal Components Analysis

参 考 文 献

[1] 李道亮. 农业物联网导论[M]. 北京：科学出版社，2012.

[2] 中国电信智慧研究组. 智慧农业：信息通信技术引领绿色发展[M]. 北京：电子工业出版社，2013.

[3] 国家物联网基础标准工作组. 物联网标准化白皮书[R/OL]. (2016-01-18)[2020-10-23]. http://www. cesi. cn/201612/1694. html.

[4] 工业互联网产业联盟. 工业互联网标准体系(版本 2.0)[R/OL]. (2019-02-25)[2020-12-14]. http://www. aii-alliance. org/index/c146/n109. html.

[5] FAO，ITU. E-Agriculture Strategy Guide: Piloted In Asia-Pacific Countries[R]. FAO and ITU，2016.

[6] FAO，ITU. E-agriculture Strategy-Working Group Exercise[R]. FAO and ITU，2016.

[7] 秦怀斌，李道亮，郭理. 农业物联网的发展及关键技术应用进展[J]. 农机化研究，2014(4)：252-254.

[8] 申格，吴文斌，史云，等. 我国智慧农业研究和应用最新进展分析[J]. 中国农业信息，2018，30(2):1-14.

[9] 李梅，范东琦，任新成，等. 物联网科技导论[M]. 北京：北京邮电大学出版社，2015.

[10] 杨震. 物联网的技术体系[M]. 北京：北京邮电大学出版社，2013.

[11] 江洪. 智慧农业导论：理论、技术和应用[M]. 上海：上海交通大学出版社，2015.

[12] KIM S H，LEE M H，SHIN C S. IoT-Based Strawberry Disease Prediction System for Smart Farming[J]. Sensors，2018，18(11).

[13] 尹武，赵辰，张晋娜. 农业种植养殖传感器产业发展分析[J]. 现代农业科技，2020(2)：253-254.

[14] YIN W，HE C Y. New Agricultural Internet of things sensor equipment multi-functional Raman Sensor Equipment[J]. Agriculture Science: An International Journal，2019，2(1):1-8.

[15] 刘佳玲. 射频识别技术理论与实践应用[M]. 青岛：中国海洋大学出版社，2018.

[16] 中国物品编码中心. 二维条码技术与应用[M]. 北京：中国计量出版社，2007.

[17] 中国卫星导航系统管理办公室. 北斗卫星导航系统[DB/OL]. (2021-03-10)[2021-03-11]. http://www. beidou. gov. cn/.

[18] 王冬梅. 遥感技术应用[M]. 武汉：武汉大学出版社，2019.

[19] 张皓. 基于无线传感网络技术的智能灌溉系统研究[J]. 南方农机，2020，51(13):45.

[20] 刘胜荣，于军琪. 基于超宽带技术的无线传感网络[J]. 传感器世界，2006(5)：4.

[21] 吕辉，曾志辉. 无线传感网络研究与应用[M]. 北京：地质出版社，2018.

[22] 汪楚. 基于 NB-IoT 的智慧城市应用系统研究[J]. 通讯世界，2019(7)：7-9.

[23] 王阳. 新兴物联网技术：LoRa[J]. 信息通信技术，2017(7)：55-59.

[24] 吴钟海，王洪源，钱文霞. 基于第四代移动通信系统的关键技术研究[J]. 数字技术与应用，2010(8)：213-214.

[25] 李晓辉，刘晋东，李丹涛，等. 从 LTE 到 5G 移动通信系统：技术原理及 LabVIEW 实现[M]. 北

京：清华大学出版社，2019.

[26] 中国信息通信研究院，IMT-2020(5G)推进组．5G 安全报告[R/OL]．(2020-02-04)[2020-11-03]．http://www. caict. ac. cn/kxyj/qwfb/bps/202002/t20200204_274118. htm.

[27] 陶晥．云计算与大数据[M]．西安：西安电子科技大学出版社，2017.

[28] 刘洋，张钢，韩璐．基于物联网与云计算服务的农业温室智能化平台研究与应用[J]．计算机应用研究，2013(11)：137-141.

[29] 熊健，刘乔．区块链技术原理及应用[M]．合肥：合肥工业大学出版社，2018.

[30] 连席．区块链研究报告：从信任机器到产业浪潮还有多远[J]．发展研究，2018(8)：18-31.

[31] 廉师友．人工智能技术导论[M]. 3 版．西安：西安电子科技大学出版社，2007.

[32] 郭庆春．人工神经网络应用研究[M]．吉林：吉林大学出版社，2016.

[33] 史春建，邱白晶，刘保玲．动态图像处理技术在农业工程中的应用[J]．中国农机化，2004(2)：29-32.

[34] 阮秋琦．数字图像处理学[M]．北京：电子工业出版社，2001.

[35] 张广军．机器视觉[M]．北京：科学出版社，2005.

[36] 杨叔子，丁洪，史铁林，等．基于知识的诊断推理[M]．北京：清华大学出版社，1993.

[37] 大疆创新行业应用．大疆行业应用携手 PRECISION HAWK 发布精准农业套装[EB/OL]．(2016-11-03)[2020-11-07]．https://enterprise. dji. com/cn/news/detail/da-jiang-xing-ye-ying-yong-xi-shou-precision-hawk-fa-bu-jing-zhun-nong-ye-tao-zhuang.

[38] 娄尚易，薛新宇，顾伟，等．农用植保无人机的研究现状及趋势[J]．农机化研究，2017，39(12):1-6.

[39] YIN W，ZHANG J N，MA L，et al. Internet of things application in agriculture and use of unmanned aerial vehicles(UAVS)[J]. Food and Agriculture Organization of the United Nations，2018:105-112.

[40] 李道亮．无人农场：未来农业的新模式[M]．北京：机械工业出版社，2020.

[41] 国务院．中华人民共和国食品安全法实施条例：国令第 721 号[A/OL]．(2019-3-26)[2020-12-26]．http://www. gov. cn/zhengce/content/2019-10/31/content_5447142. htm.

[42] 中国物品编码中心．国家食品安全追溯平台[DB/OL]．(2020-01-03)[2020-12-26]．http://www. chinatrace. org/.

[43] 张春玲．区块链溯源应用白皮书[R]．赛迪区块链研究院，2019.

[44] 汪先峰．物联网与环境监管实践[M]．北京：中国环境出版集团，2015.

[45] 黎勇，徐元根，王军．物联网安全框架与风险评估研究[J]．电子测试，2015(19)：81-84.

[46] PAUL C R. Introduction to electromagnetic compatibility(EMC)[J]. Iee Review，2006，38(7/8):1-12.

[47] 俞建峰．物联网工程开发与实践[M]．北京：人民邮电出版社，2013.

[48] Sylvester G. Success stories on Information and Communication Technologies for Agriculture and Rural Development[J]. RAP Publication，2015.

[49] Sylvester G. Information and communication technologies for sustainable agriculture:Indicators from Asia and the Pacific[J]. RAP Publication，2013.

[50] 胡向东，王晨，王鑫，等．国家农业综合开发田园综合体试点项目分析[J]．农业经济问题，2018(2)：8.

[51] 王成，罗斌．信息化下农业电子商务平台建设模式分析与探讨[J]．科技和产业，2006(1)：58-61.

[52] 尹武，张晋娜．物联网智慧养猪解决方案[J]．中国猪业，2015，10(114):18-20.

[53] 王世雄，廖冰. 现代畜牧兽医科技发展与应用研究[M]. 长春：吉林科学技术出版社，2018.

[54] 中国电子技术标准化研究院. 物联网面向畜牧肉食追溯系统的总体要求(草案)[R]. 中国电子技术标准化研究院，2020.

[55] 朱伊平，管孝锋，黄海龙，等. 农业病虫害远程诊断平台[J]. 浙江农业科学，2020，61(9)：1819-1820.

[56] 闫凤超. 现代农业植保服务平台的建设[J]. 现代化农业，2016(1)：58-59.

[57] 刘燕德，靳昙昙. 拉曼光谱技术在农产品质量安全检测中的应用[J]. 光谱学与光谱分析，2015，35(9)：2567-2572.

[58] 何勇，刘飞，李晓丽，等. 光谱及成像技术在农业中的应用[M]. 北京：科学出版社，2015.